Tractatus
Logico-
Philosophicus

逻辑哲学论

Ludwig Josef
Johann
Wittgenstein

〔英〕维特根斯坦 著

黄敏 译

中国华侨出版社
·北京·

果麦文化 出品

纪念我的朋友

大卫·品森特

目录

导读 1

原序 29

正文 001

译后记 100

导读

《逻辑哲学论》出版于 1921 年,现在已经跻身于经典著作之列。购买这本书的读者,想必你是慕名而来。如果你只是碰巧拿起这本书,那我就希望对本书及其作者的简单介绍能勾起你继续读下去的兴趣。

维特根斯坦其人其书

这本书出自哲学家维特根斯坦之手。20 世纪哲学家中声名最为显赫者当属海德格尔和维特根斯坦,他们的感召力远远超出哲学圈子,而变成一种文化现象。不过,海德格尔因为与德国纳粹的政治纠缠而蒙受污名,维特根斯坦则独享纯粹天才的荣光。在人们心目中,维特根斯坦遗世而独立,他可以独自面对哲学本身,仅凭个人之力为人类智识的最高事业负责。《逻辑哲学论》就是他一个人与哲学对话的结果。它成书于 1918 年,维特根斯坦认为自己在书中已经解决了所有哲学问题。之后,他不是像标准的学者那样去传播自己的思想、谋求名望和地位，而是像完成了一件私事一样，换个工作，去做园丁和小学教师。这部著作享有崇高的学术地位，这里就用哲学行内的一种说法来解释一下：当今西方哲学的主流是分析哲学；分析哲学在学理上的起点是人们称为"语言学转向"的转变；而语言学转向，则是在《逻辑哲学论》中完成的。换句话说，《逻辑哲学论》是当今西方主流哲学的奠基性著作。

维特根斯坦在1929年重拾哲学工作，并着手建立一种与之前迥异的哲学，被称为后期维特根斯坦哲学。尽管这种哲学的出现使许多人认为前期维特根斯坦哲学，即《逻辑哲学论》中表述的思想已经被证明是错误的，但维特根斯坦本人认为，要在这种思想的基础上理解他的后期思想。就像黑格尔不会因为马克思的批评而过时一样，《逻辑哲学论》也不是一部过时之作，其中表达的哲学思想，仍然深邃且极具价值。事实上，它构成了理解后期维特根斯坦的起点。跳过这部著作，直接读后期的《哲学研究》，是行不通的。

路德维希·维特根斯坦1889年生于维也纳的名门望族。那是一个真正的精英家庭。路德维希的父亲卡尔是当时欧洲最富有的人之一，他实际上掌控着整个奥地利的钢铁工业。卡尔也为自己的家庭创造了最高等级的精神生活。维特根斯坦家是当时维也纳文化生活的中心，像克利姆特、勃拉姆斯和马勒这样一些顶级的艺术家都与之过从甚密。路德维希是家中最小的孩子，他有四个哥哥和四个姐姐（一个女孩夭折了）。他在文化艺术的熏陶之中长大，并对音乐有很高的鉴赏能力。据说他是很罕见的拥有绝对音准的人。

然而，路德维希的家庭生活并不幸福。卡尔不仅让子女留在家中接受教育，而且为其规定好将来的职业。更加不幸的是，卡尔本人是一个完美主义者，并为这个家庭营造了一种紧张气氛，让孩子们生活在相互评判、挑剔中。这样的早期教育深刻地塑造了路德维希的性格。他敏感、易怒，对待自己非常苛刻，有道德洁癖。这种性格和他的哲学天分组合在一起，能够产出最好的精神成果，但同时又在某种意义上妨碍这些成果被充分理解。路德维希不是一个为读者着想的作者。他的写作有种强烈的个人色彩。在一个完美主义者那里，哲学思考和写作是很难按照与普通读者交流的目的客观地进行下去的。他的写作对象要么是他自己心目中的理想读者，要么干脆就是他自己。（希望这本《逻辑哲学论》通过我的翻译能够在这方面有所改善）理解路德维希·维特根斯坦的哲学，就要在某种程度上面对他这个人。或许是由于这样的家庭生活，他的三个哥哥都死于自杀。自杀也是路德维希的生活中不太遥远的一种选择。可以说，哲学思考对他来说是一种自救。据说，路德维希的遗言是，"告诉他们，我过了幸福的一生"。这或许可以印证他的这一心路历程。

维特根斯坦（还是用回路德维希的姓氏吧）无疑具有那种

极易产生神秘色彩的人格特征,这个人本身激起的兴趣在很大程度上超出了他的著作。他的著作本身就不易读懂,这就更加重了笼罩在他身上的神秘色彩。人们把他视为天才的典范。这种天才适合于待在空气稀薄的高处,而不是像苏格拉底那样,混迹于人群之中。人们觉得,对于他的著作,不理解是正常的。这些著作应该放在书架的顶层,属于那种从远处就能看到,但至少近期不会取阅的类型。这对维特根斯坦本人来说的确是极大的不幸。

事实上,他只是一个善于与物打交道远甚于与人交往的人。他对逻辑、数学以及语言的本质有着非常深入的研究,但其成果始终没有以明白易懂的方式表达出来。完美主义和自我审查是一种障碍。他只是一个孤独的劳作者,有着劳动者那种简单质朴的品格。他的著作也需要以一种简单质朴的方式去对待。它的目的是传达思想,表达对事物的理解,而不是说教和宣布真理。它需要的是知音,是主动参与的思考和理解,而不是单方面的被动接受,在阅读维特根斯坦时应该牢记这一点。

如何读《逻辑哲学论》

《逻辑哲学论》确实是一部颇为奇特的著作,它由一条条加了数字编号的格言式文字构成。编号表示内容之间的从属关系,而文字则简洁、直接。这些文字并没有包含所需要的论证，它们的作用在于建立直观的理解，展示其中的联系，从而获得整体性的图景。从维特根斯坦自己的笔记可以看出，他的思考方式是直观性的，很少诉诸逻辑推理。由此获得的成果则在于促成理解、建立世界观，而不在于形成哲学论辩，得出哲学结论。这样做可以直截了当地表达哲学的洞见，从而直接面对哲学问题本身，获得哲学的领悟。但是，缺点也很明显，那就是容易造成误解，难以保证读者能够确切把握所传达的见解。

论证就是建立一个结论时所采取的推理过程，即通常从不会有质疑或已经获得承认的前提开始，通过推理来获得确实无疑或者应当得到接受的结论。在哲学中，论证不仅被用来保证结论的可靠性，以说服读者，而且是哲学建筑术的一部分，可以用来在不同的哲学观点之间建立连接，使之形成一个系统。再者，论证由于是基于哲学观点的意义进行的，对于所建立观点的内容就构成了限定和澄清。如果你不太理解一个哲学观点在说什么，那就去看它是怎样得到论证的，或者看它能够得到什么样的论证支持。维特根斯坦哲学思考和写作是直观的和私人性的，论证被大幅度忽略和压缩了。但是，一个足够结实的哲学系统还是可以用论证来表明各部分是如何联系起来的。在阅读《逻辑哲学论》时，我们仍然需要参与其中，通过自行建立论证，来连接其中的各个论点，以此来实现我们的理解。我认为这是阅读这部著作的正途。

在本序言后面大半部分，我将扼要解释《逻辑哲学论》的核心思想，以便为读者确立阅读的关注点和思考的方向。我也将以一种参与的态度来做这件事，把我自己的理解呈现给读者，而不是介绍"公认的""权威性的"（在维特根斯坦研究领域，这两个词有种讽刺意味，它们总是被用于准备予以反驳的解释）解读。希望借此能够激发读者的主动思考，最终能够反过来从学理上来甄别我的解释。

哲学背景

维特根斯坦曾认为所有的哲学问题都在《逻辑哲学论》中得到了解决。这当然不是对事实的判断，而是针对他自己心目中的哲学问题。他对哲学的阅读面并不宽，主要从弗雷格和罗素那里了解哲学，而其最初的哲学科班教育则是罗素提供的。应该说，是罗素让他的思考活动得以与学科建制意义上的哲学联系起来。罗素认为所有的哲学问题都是逻辑问题。维特根斯坦认同这种看法。于是，只要弄清了逻辑是什么，并且弄清了逻辑问题都可以得到立即和确切的解决，所有哲学问题也就相应得到确切的解决。这正是维特根斯坦的立场。《逻辑哲学论》本质上是接着弗雷格和罗素的思路发展的结果，以他们为背景，才能正确理解它。

作为分析哲学的创始人，弗雷格和罗素都是从逻辑主义的数学哲学研究开创分析哲学的。他们对自然数的逻辑分析，是哲学完整分析的典范。逻辑主义的数学哲学主张把数学（至少是算术）建立在逻辑的基础上，也就是说，要从逻辑公理推出数学真命题。这本质上就是在为数学知识建立基础。把这个想法稍微向前推一步就会得到，一般意义上的知识（数学、物理这样的严格的科学知识是其典范形态）都应该建立在逻辑的基础上。这个想法在罗素那里成为一种普泛的逻辑主义立场。贯彻这种立场的结果就是让人认为，通过逻辑分析就可以揭示所有知识性的内容是什么，并由此确定这种内容是否是有效的知识。这就是分析哲学的早期理念。在这一理念之下，逻辑是什么，也就决定了知识是什么，以及有什么样的知识。于是逻辑就成为哲学中最为重要的东西。

历史发展的结果是，弗雷格所建立的逻辑主义的数学哲学随着罗素悖论的发现而宣告失败。但是，这并不是逻辑主义一般思想的失败，而是特定的、弗雷格式逻辑主义的失败。如果对逻辑的本质以及所采取的形式有不同理解，也就会有不同的、或强或弱的逻辑主义思想。我们可以把逻辑主义看作推动分析哲学产生和发展的一种动机。

弗雷格与罗素以不同的方式来看待逻辑。弗雷格的立场接近康德。他认为，逻辑是理性能力本身的一种特性，只要是合乎理性的思考，就会遵守逻辑。这样，人们就可以通过研究，理性的思考者基于理性会把什么样的思想当作真的,来确定逻辑的具体内容。这种研究不需要借助经验,而只需要动用理性的思考能力,因此,逻辑是一种先验的研究,逻辑真命题也就是先验为真。逻辑命题同时也是自明的,这是因为理性的思考者动用理性即可发现这些命题为真,他直接就意识到其为真。此外,弗雷格还持有一种被称为实在论的观点,他认为逻辑命题表达的思想是一种抽象的存在物,它独立于人们的心理活动而存在。逻辑研究就是要刻画出思想的结构,这种结构会对应到真值函项上,从而为逻辑连接词所刻画。因此,要确定逻辑命题有哪些,其实也就是要找到能够保证命题为真的有哪些思想结构。理性的思考者能够直接认识到具有这些结构的思想是真的。人类的理性是不完全的,还不能直接认识所有的逻辑真命题,但还是可以通过逻辑公理系统和逻辑演算,从简单的逻辑真命题出发,来发现结构复杂的思想是否为真。这就是逻辑证明。

罗素对于逻辑的理解则接近于柏拉图,他不认为逻辑是理性的特征,而认为它是实在本身的特征,或者确切地说,逻辑是实在的一种普遍性的结构。罗素是柏拉图主义的实在论者,他认为中世纪哲学家称为"共相"(universal)的东西是存在的。他还认为,句子所陈述的内容就是由句子所谈及的事物本身构成的复合体。共相是这种复合体中的构成部分,它保证了同样的内容可以适用于不同的特殊对象。比如,在"苏格拉底是要死的"这个句子所陈述的内容中,就包含了有死性这一共相。这个共相同时也适用于除了苏格拉底这个特殊对象之外的其他对象,比如柏拉图和罗素。这样我们就可以利用共相来表达普遍性,比如在"所有人都是要死的"这个句子中就是这样的。共相的存在保证了知识的普遍性。把句子中表示共相之外的东西变成变元,我们就得到了仅仅由共相构成的结构,普遍性就是属于这些结构的特性。包含逻辑连接词在内的逻辑常项就是一类特殊的共相,把句子中像有死性这样的逻辑常项之外的共相都替换成变元,就得到逻辑结构。如果这种逻辑结构可以保证具备这种结构的句子为真,那么这样的句子就是逻辑真命题。它表达了我们关于逻辑结构的知识,即逻辑知识。逻辑就是系统地识别这种逻辑知识的研究。

维特根斯坦的逻辑哲学就是在这个背景下建立的。确切地说,他要解决的问题、思考问题的起点,包括所使用的一些术语,都是罗素所提供的;但解决问题时所采取的基本立场,以及解决问题之后得到的总体图景,却是在康德和弗雷格的方向上的推进。维特根斯坦实现了弗雷格和罗素的某种综合,从而确立了早期分析哲学的成熟状态。

逻辑图像论

你可以说,《逻辑哲学论》要解决的是人生意义问题,维特根斯坦本人也说过这是一部伦理学著作；但是，若要看出个门道，还是要从他要直接解决的问题入手。这些直接的问题是逻辑哲学问题，也可以说，是语言哲学问题。其中最核心的一个问题就是，句子是如何陈述事实的。这个问题看似简单，实则相当困难。它难倒了罗素。维特根斯坦对这个问题的解决，就是他的逻辑图像论。逻辑图像论构成了整个《逻辑哲学论》的基础，由此可以通达他的其他思想。

稍加展开，这个逻辑哲学问题就是在问，为什么陈述句由词语构成，但有真假之别，而词语没有。

表面上看，陈述句要能够陈述事实，需要的仅仅是句子（即陈述句，下同）与事实之间建立对应关系，循着这种对应关系我们就能够依据句子来确定其所陈述的事实。但事情并不如此简单。从直观上看，"苏格拉底是柏拉图的老师"与"苏格拉底不是柏拉图的老师"这两个句子都对应同一个事实，即关于苏格拉底与柏拉图的师生关系的事实；这个事实使其中一个句子为真，而另一个句子为假。由此可见，句子与事实间的对应关系不同于词语与事物间的那种对应，它是一种有真假之别的"二值"关系。一个句子当其为真与当其为假时，对应于不同的事实。因此，为了知道句子陈述了什么事实，还需要知道它是否为真。现在所面临的问题就是，句子是由词语构成的，但为什么词语没有真假之别，而句子却有。

此外，只有句子才能够用来描述或陈述一个事实，词语则不能。我们可以用一个词语"整个地"确定一个事实,比如用"勾股定理"这个词语来确定那个关于直角三角形的事实。但这离描述或陈述这个事实显然还有一段距离。如果你事先不知道那个事实是什么,那么借助"勾股定理"这个词语你也不会知道。但借助"直角三角形的两个直角边的平方和等于斜边的平方"这个句子,你却能够知道那个事实。词语隐藏了一些对事实来说至关重要的"细节",而句子则揭示它们。我们会感觉到,在这一点上句子与词语的区别与前面提到的真假之别联系在一起,看起来,似乎正是让句子有真假之别的东西让它能够描述或陈述事实,因此,这两个区别应该联系起来,一起得到解释。

这些问题与"知识内容本质上是什么"这个问题联系在一起。知识的内容可以用词语来表达,比如人们会说"祖冲之知道勾股定理",从而用"勾股定理"这个词语来说明祖冲之的知识内容;但我们不会觉得这一点说明了知识内容的哲学本质,因为名词与知识内容的对应关系毕竟可以是任意建立的。勾股定理也可以不叫"勾股定理"。当用句子来表达知识内容时,这种任意性可以认为是消失了。能够用句子来表达,这一点构成了知识内容的一个本质特性。知识必须是真的,"真"这一特性被哲学家们高度重视,而实现这一特性的只能是句子而不是词语。句子不仅通过真这个概念与知识联系在一起,而且通过描述或者陈述这个概念与知识相联系。知识必定在某种意义上描述或陈述了事实，而这种描述或陈述的功能也要通过句子来实现；单靠词语是无法办到的。就此而论，只有解释了句子与词语的区别何在，才能从哲学上理解什么是知识。

为了了解维特根斯坦如何理解句子与词语的区别，我们先看看罗素。罗素在这个问题上尝试过好几个理论，这里只是用最简单的方式来说明罗素怎样想这个问题。我们可以把这种理解方式称为"同构论"。比如"书在桌子上"这个句子，它描述事实的方式可以这样解释："书"和"桌子"分别指称各自的对象，而"……在……上"充当句子结构，则表明这两个对象在事实中按何种结构连接到一起。因此，当看到"书在桌子上"这个句子时，我们也就知道书和桌子按照何种特定结构形成事实。许多学者认为《逻辑哲学论》所表述的逻辑图像论就是这种同构论，但事情并非如此。这种理论不能解释句子为假是怎么回事。按照这种理论，句子所表达的内容，就是词语所指称的对象按照句子结构所表示的那种结构连接在一起构成的。上述句子所表达的内容，就是书和桌子这样的对象按照一个指定的结构构成的一个整体。但是，如果句子所描述的不是事实，也就是说，当句子是假的，书和桌子之间就不存在那种上下级的关系，这样一来，原来的整体也就没有了。由此就得到假句子没有实质内容的结论，这当然是不可接受的。

在罗素看来，句子结构表示了事实的结构。按这种思维方式，句子描述事实，就像投影一样，句子中的词语与事实中的对象是点对点对应起来，句子结构再投影到实在中，从而确定实在是怎样的。这种想法在《逻辑哲学论》中遭到否决。维特根斯坦否认句子的结构表示实在的结构，当然，也就否认逻辑就是实在的结构。在维特根斯坦看来，语言之所以能够描述实在，并不是因为句子与实在具有共同的结构，而是因为它们共有可能性，也就是逻辑形式。逻辑形式是一种可能性，而不是实在的东西。逻辑形式这个概念不太容易理解，但它非常重要。可以说，在《逻辑哲学论》中，它和描绘形式、逻辑形式、可能性、内在性质以及内在关系这样一族彼此接近的概念一起，不仅决定了维特根斯坦心目中的逻辑是什么，而且决定了他的哲学的基本面貌。

举个简单的例子来说明可能性以及逻辑形式是什么意思。在观察书和桌子之间的空间关系时，无须多少例子来进行归纳，我们立即就可以看出这种空间关系可能是什么样的。当书被放在桌子上，我们得到了一个事实。现在从可能性角度来看待这个事实，而不考虑它是否存在，这时候我们考虑的就单单是书在桌子上这种情况。书在桌子上，这与书在桌子下面是不同的。但是，从可能性角度来看，这两种情况之间会有一种关系，即当其中一种情况存在，另外那种就不存在。由此可见，可能性不是一个简单的概念，它是有内在结构的。我们可以说书在桌子上是一种可能性，而书在桌子下是另一种可能性；这两种可能性相互竞争，只有一个能够成为实在。这两种情况间也存在相互依赖的关系，如果你不明白书在桌子上是怎么回事，那就不能理解书在桌子下面是怎么回事——一个只能生活在桌面上的二维生物就是这样的。这种依赖关系让我们明白，要确定书是否在桌子上，就要排除它在桌子下面的情况。它们可以说属于同一个可能性，是同属一个可能性的不同情况。在一个时刻只能有一种情况成为现实，于是，关于书的两种情况也就彼此排斥了。

这种情况在《逻辑哲学论》中就被称为"事态"。当我们从可能性的角度去看事实，所看到的就是事态。那么，书在桌子上，与书在桌子下面，这是一个事态还是两个呢？孤立地看，它们是不同的，它们在空间关系上不同。但是，如果从可能性角度看，可以说这是同一个事态。维特根斯坦把逻辑理解为关于这些可能性的研究。如果在这种意义上使用"逻辑"一词，我们就可以说，书在桌子上，与书在桌子下面，两者在逻辑上是没有区别的。在逻辑上，它们本身是一同确定的，使它们区别开的是非逻辑的条件，比如经验，或者碰巧使用的不同词语。维特根斯坦说事态彼此独立（2.061），就是在后一种意义上理解，此时会把书在桌子上和书在桌子下面这两者看作同一个事态，或者只把这两者中实现的那个算作一个事态。在确定一个事态是什么时，其实就是确定共享同一个可能性的哪种情况得到了实现。

这种关于可能性的特征可以运用到书这个对象上，这样就得到了书的逻辑形式。书虽然可以不在桌子上，但它必然具备在桌子上的可能性。能够与其他东西建立空间关系，这种特性就是书的逻辑形式。在没有其他解释（比如桌子只是一个三维投影）的情况下，一本书如果无论如何也放不到桌子上，那么我们就会认为它不是书，不是那种我们可以手持捧读的东西。从逻辑上讲，空间形式构成了书的本质。当然，逻辑形式这个概念还可以用到比如说事实上，此时我们就在可能性角度来看待它。比如书在桌子上这个事实是一种空间关系，而这就是这个事实的逻辑形式。

只要抓住可能性这个要点，你就可以在或松或紧的尺度上使用逻辑形式这个概念。比如，对于书在桌上的笔下面和书在桌上这两个事实，你可以认为它们有同样的逻辑形式，它们都是空间关系；也可以认为其逻辑形式不同，因为一个是三元关系，即书、桌子、笔之间的空间关系，另外一个则是二元关系。这取决于你使用逻辑形式这个概念的目的。如果你要在对事实的描述中考虑，就可以认为它们的逻辑形式不同；而如果只是考虑这两个事实与书的逻辑关系，那就可以认为它们的逻辑形式是相同的，都是空间关系。

可能性这个概念决定了逻辑是干什么的。在 2.0121 中维特根斯坦说，可能性构成了逻辑的事实。这就是说，逻辑研究就是从已经确定了的可能性概念，比如前面我们关于书以及桌子的那些事态及其关系的理解，入手并展开的。这些理解构成了逻辑研究的素材和基础，我们以此来解释其他东西，比如解释为何可以用句子来描述事实。这就是逻辑图像论。

逻辑图像论中的"图像"并不是比喻。在严格的意义上说，句子就是图像，只不过是一种特殊的、可以描绘一切的图像。逻辑图像论是关于句子如何能够描绘事实的学说。在这个学说中出现图像，是取自图像的一个突出特征，即我们会按照对待实物的那种方式来对待图像，从而从图像中看出其所描述的实物是什么样的。这就与另一种看待语言以及句子的方式不同，而那种方式就体现在同构论中。同构论要求我们把语言中的要素对应到实在中，比如句子的结构对应于实在的结构，这样，语言就好像是"透明的"，人们的目光穿过语言，直达实在；但逻辑图像论则要求语言是"不透明"的，要求句子本身就是事实，人们通过看这个事实，知道句子所要描述的那个事实是什么。这两种理论的区别就是镜子（其实更准确地说，应该是玻璃，因为镜子可能是扭曲的）与图画之间的区别。在这个区别的基础上，逻辑图像论的核心观点就可以表述为，句子与其描述的事实共有逻辑形式，这使描述成为可能。

逻辑图像论能够解决同构论所不能解决的问题，比如解释句子为假是怎么回事。按照同构论，像"书在桌子上"这样的句子所描述的是书在桌子上这个事实，但是，如果书实际上不在桌子上，那么这个事实也就不复存在，而这个句子也就什么也没有描述，它就没有内容。而按照逻辑图像论，句子描述什么，这不是通过投影到实在中才能最终确定的，句子本身就是一种事实，一种存在的东西。于是，当"书在桌子上"这个句子被摆在面前，而实际上书在桌子下面，这时若仍然以看待事实的方式来看待句子，我们就能看出它所描述的是什么了。按《逻辑哲学论》的术语，句子所描述的就是事态，即"书在桌子上"这个事态。现在，这个句子为假，就不是通过书在桌子上这种不存在的情况来解释，而要通过两个步骤，即（1）书实际上在桌子底下，以及（2）按照句子及其所要描述的事实的逻辑形式（它们有同一个逻辑形式），如果书在桌子底下，那么它就不在桌子上（参见 5.5151）。

这样一来，通过引入可能性，进而引入事态、逻辑形式这样一些概念，维特根斯坦就解释了句子为假是怎么回事。进而，句子与名称的区别何在，句子为何可以描述实在，以及句子为什么能够表达知识这样一些基础性的问题，也就可以得到恰当的回答。

显示及其他

从对逻辑图像论的叙述中读者会看到，维特根斯坦是从非常平凡的事实入手来展开哲学思考的。他的哲学固然精深，但精深之处不在于有多么深奥的知识，而在于对待平凡事实的方式。维特根斯坦就像一个钟表匠一样，在哲学问题的指引下，认真处理关键性的局部，通过这些局部之间的配合，获得精确顺滑的整体效果。本序言后面的篇幅将简要说明，从逻辑图像论这个核心，如何通往《逻辑哲学论》的其他重要构件。

逻辑图像论要解决的是罗素的问题。这些问题是用罗素的框架表述的，要解决它们，也就要以这个框架为起点，看需要再引入些什么。维特根斯坦的解决，实际上是在向康德和弗雷格的方向靠拢。这体现在所引入的可能性以及逻辑形式等概念上。这些以可能性为基础建立起来的概念并不是实在世界的写照，它们并不像罗素所理解的那样，表现了实在的结构。这是逻辑图像论区别于同构论的要点所在。这些概念所表现的，是主体，即语言使用者的理性特征。比如，对于书是一种空间对象这意味着什么，我们肯定都会有种基本的理解；如果在看到书在桌子上的时候却又到桌子底下找它，那我们不会觉得这个人有理性。但如果问，具备理性意味着我们知道了什么，你肯定回答不上来。理性不是任何知识，它不是任何事物的任何特征，你也不能描述它。可以说，理性是人们对待事物的方式。若看到书在桌子上，就不会到桌子底下去找它，这是对待书的方式。

在逻辑图像论中，使用者的角色非常重要。句子与事实共有逻辑形式，这不是句子恰好具有事实所具有的那种逻辑形式，而是因为某个句子被用来描述某种事实，此时我们会把句子看作具备了这种事实的逻辑形式。我们会按照这种使用目的来设计句子，来决定该如何理解句子，因此，它不具备与事实相同的逻辑形式，那是不可能的。

我们可以说，语言的使用让人们对待事物的方式得以确定下来。心灵与世界之间应该有种协调有序的关系，而这种关系在《逻辑哲学论》中就体现为善和幸福。（读者可以循这一线索，看逻辑如何与伦理学联系起来。）按维特根斯坦的设想，要达到这种关系，就要在语言上做出努力。语言的重要性部分体现在语言学转向上。只不过语言学转向针对的是知识，是要求承认语言对于知识来说是必要条件，而在这里，语言的重要性体现在一切规范性的事物上，知识只是其中的一种。要真正论证语言对这些事物必不可少，要等到后期维特根斯坦的私人语言论证。不过，在《逻辑哲学论》中，维特根斯坦还是用了大量篇幅，来说明语言怎样能够让心灵与世界的关系协调有序。这就包括著名的言说与显示的区分，以及包括重言式理论在内的逻辑学说。

在《逻辑哲学论》中，最为人所知的莫过于最后一句话，"对不可说的，我们必须报以沉默"。这句话就来自言说与显示的区分。这个区分虽然在 2.172 – 4 中已经有所涉及，但主要还是在 4.11 – 4.1212 中做出的，此后又多次提及和运用。按照这个区分，所有能够显示的都不能言说。在维特根斯坦看来，这个区分决定了人们应该如何看待他的所有学说，因而举足轻重。然而，这个区分不好把握。说有些东西不可言说，这显得很神秘。维特根斯坦因此也谈到了神秘（6.44、6.52）。在哲学中谈论神秘，这终究是件让人不安的事情。此外，就像罗素在为本书英文译本所写的序言[1]中曾经说过的一样，对不可说的东西，《逻辑哲学论》还是说了很多，这是自相矛盾。由此延伸出一些有趣的话题，比如近十几年兴起的"新维特根斯坦"解读法，或者说决然式解读（the resolute reading），就是试图解决这种自相矛盾的一种尝试。然而，言说与显示之分的产生，与逻辑图像论一样。

在逻辑图像论中，图像本身就是作为事实出现的。它不像透明玻璃一样是"虚的"，而是"实的"。当用一个图像来描绘一种情况时，图像本身的特征也就会说明一些问题。比如，当画面上某根线条被一个三角形所切断时，它就描绘了一条公路被山挡住的情景。在我们看来，图像本身所表现出来的特征，比如线条与三角形的关系，就属于显示的东西，而图像借助这些表现出来的特征来表现的东西，比如公路被山挡住的情景，就是图像所言说的东西。进而，语言本身的特征，就是显示的东西，而用语言来描述的情况，则是被言说的东西。逻辑图像论要求语言必须拥有某些特征，比如逻辑形式、句子的含义、记号的指称、逻辑复杂度、语法上的范畴区分、物理形态等

---

[1] 对于一般读者来说，罗素的序言总体上具有误导性，因此在本译本中没有译出。

等，这些都是显示的东西，而言说的东西则很少，只有句子所描述的那种情况。

显示的东西是言说的基础，比如逻辑形式，就是句子描述事实的必要条件。在不知道要言说的是什么具体的事态时，我们已经可以知道句子显示了什么。（当然，要描述的事态所属的范畴，比如是空间关系还是重量，决定了我们该如何看待句子，因此要先于句子确定下来。但是，这种先后顺序与这里所说的并不冲突。）句子所言说的东西是由它显示了什么决定的。不过，另外，显示就内在于言说行为本身。用一幅画来描绘一场宴席，这同时就是在让画本身显示出来。同样，把一个句子说出来，就是对句子本身是什么的显示，而这并不是在描述事实之外做出的另一件事。区分显示与言说，是从不同角度来看同一件事的结果。在用句子来描述事实时，我们期待着看到句子之外的事实，但是，当"调整焦距"看向句子，显示的东西就出现了。应当说，正是言说与显示之间的这种关系使得它们之间产生了区分，让显示的东西不能言说。

显示的东西只有在使用句子时才会出现。比如，"书在桌子上"这个句子只有在用来描述一种空间关系时，我们才能从这个句子中看出，它和"桌子在书上"不能同时为真，它们具有同样的逻辑形式，但属于两种相互排斥的情形。但是，如果我们用"书在桌子上"这个句子描述的是书和桌子的重量是否相等，那么这个句子就与"桌子在书上"具有同样的意义，或者说，描述了同样的情形。这样一来，我们也就不能在另外一次言说中，来描述显示出来的东西。比如，如果要描述"书在桌子上"这个句子（在我们正常使用它的情况下）所显示出来的东西，比如描述它逻辑形式上的特征，即它和"桌子在书上"不能同时为真，那么我们就办不到这一点。我们会觉得这是两个不同的句子，从句子本身无法看出它们为何不能同时为真。之所以如此，就是因为在描述这两个句子本身时，我们没有在使用它们，而它们所显示的东西只有在使用时才显示出来。而如果从这两个句子的使用者的角度来看，它们显然不能同时为真因为它们所描述的是相互排斥的事态。从旁观者角度看，它们描述了什么是一回事，它们本身有什么特征，则是另一回事，因而无法用它们所描述的东西，来解释它们自身之间的这种排斥关系。

如果非要言说显示的东西，就会用不恰当的方式来对待语言。比如，对于"书在桌子上"与"桌子在书下面"这两个句子，从使用者的角度就很容易明白它们说的是同一回事。虽然关系词上有区别，但这种区别会通过调换"书"与"桌子"这两个词在句子中的位置而解除。出于对逻辑形式的理解很容易做到这一点。但是，当你脱离了使用的方法来看待句子，就会为关系词上的区别寻求解释，于是就会觉得它们描述了不同的空间关系。人们会像罗素那样，认为实在世界中有一类被称为"空间关系"的共相，以此来解释这两个句子间的区别和联系。

在维特根斯坦看来,这就产生了形而上学,同时也是混乱的开始。在这一背景下,"不能言说显示的东西",就是一个禁令,其目的是恢复语言的秩序,或者说,恢复我们对于语言的正确理解。

逻辑研究的一个作用就在于让人们对这种秩序有自觉意识。这种作用可以通过重言式这个概念来加以说明。在当代数理逻辑中,"重言式"这个概念指永真式。用行话来说,对一个命题中的非逻辑常项无论赋予什么值,整个命题始终为真,这样的命题就是重言式。重言式依据其结构为真。按照当代逻辑学的解释,这些结构是纯形式的,它们可以视为是逻辑常项的定义,因此,重言式为真,就可以解释为是依据定义为真。维特根斯坦理解的重言式与此不同。按照他的理解,重言式也是依据结构为真,但其为永真式,不是依据逻辑常项定义,而是依据命题的逻辑形式。也就是说,重言式是在逻辑形式与命题结构共同作用下为真的。

比如,按照"书在桌子上"这个句子的逻辑形式,书可能在桌子上,也可能不在桌子上;而按照这个句子的结构(它包含的关系词以及与之连接的"书"和"桌子"这两个词),它排除了书不在桌子上的情况,而只留下了书在桌子上的情况,通过这一情况来决定句子的真值。这样,如果书实际上在桌子上,那么这个句子就是真的,否则就是假的。由于只把书在桌子上这种可能性留给了实在,而句子并不决定实在是怎样的,因此这个句子就可能是真的，也可能是假的。

再考虑"书在桌子上，或者书不在桌子上"这个句子。其逻辑形式是相同的，也只包含了那两种可能的情况。其中，"书在桌子上"这个从句保留了书在桌子上的情况，而"书不在桌子上"则保留了书不在桌子上的情况。"或者"一词意味着，只要实在是其中的一种情况，句子就是真的。这样，基于这个句子的结构，这两种情况都被留给了实在。按照句子的逻辑形式，那就是所有的可能性，因此，这个句子把所有可能性都留给实在，也就是说，无论实在是什么样的，句子都是真的。这就是重言式。

容易看出，一个普通命题为真，就意味着它留给实在的那种可能性得到实现，因而也就可以从这个句子为真，知道实在是怎样的。重言式则无论如何都是真的，因此不能从中知道实在是怎样的。重言式不能描述事实，却有种非常特殊的功能。它可以表现构成重言式的命题的逻辑形式。因为重言式为真，是其逻辑形式和命题结构一同作用的结果，这样就可以通过其结构来表现逻辑形式的特征。这就与普通命题不同。普通命题为真，不仅取决于逻辑形式和命题结构，还取决于实在是怎样的。因此，要通过普通的真命题确定逻辑形式，就需要命题结构和实在协同作用。由于需要确定实在是怎样的，这就是一种经验研究。而通过重言式来确定逻辑形式，就只需要已知其为真，然后在命题结构得到确定的情况下，逻辑形式也就表现出来了。这是一种先验的研究。重言式让逻辑形式得到先验的显示。比如,"书在桌子上,或者书不在桌子上"这个重言式也就表明了,其逻辑形式中包含了两个互相排斥的可能情况。

逻辑研究就是揭示逻辑形式的过程。由于由此得到揭示的是理性本身的特征,逻辑研究对于理性主体来说,其实就是获得自我意识,确保自我一致的过程。可以说这就是让心灵与世界的关系保持协调有序。这个过程就是在操弄符号,因为,在逻辑研究中,一种恰当的、足以表明重言式结构的符号系统,本身就可以让逻辑形式得以固定下来,也就是说,让我们看待事物的方式得到固定。在沿用这种符号系统时,我们发现其所构造的重言式为真,就意味着自己在按照相应的逻辑形式看待事物。建立逻辑符号和重言式的系统,就好像调校望远镜一样,正确的位置就是从中可以看到正确图景的位置。这样,逻辑研究就是在语言的使用状态中来对语言本身进行规划和调整,而这也是言说与显示之分所允许的研究方式。由此我们也可以看到,语言在维特根斯坦所理解的哲学研究中,占据了一个什么样的地位。维特根斯坦认为,哲学就是语言批判(4.0031)。这构成了《逻辑哲学论》中所表达的语言学转向。

除了逻辑哲学和语言哲学,《逻辑哲学论》还包含了其他方面的丰富内容,比如数学哲学、自然科学哲学、伦理学、美学、宗教哲学。这些内容都不是孤立的,它们都以直接或间接的方式与关于逻辑和语言的思想联系在一起。这些联系都可以通过思考和揣摩，从文本所给出的线索中获得。大体上，数学哲学直接与逻辑哲学相联系，它构成了逻辑哲学的一种推论；其他东西则直接建立在心灵与世界的关系上，而这种关系是什么，则是由逻辑哲学和语言哲学决定的。当然，这里所说的"心灵"，不是心理学意义上的，而是 5.641 中所界定的那种哲学的自我或形而上学的自我。当你发现自己就是这种意义上的自我，就差不多理解这种心灵与世界的关系是什么了。

进入正文

阅读《逻辑哲学论》的一个门槛是数理逻辑。本书的一些很重要的概念来自数理逻辑，比如函项、量词、普遍性、真值、重言式等等。读者需要具备关于一阶逻辑和公理系统的基本知识，对逻辑技术的了解则以达到掌握概念的程度为准。如果下决心要弄懂这本书，还需要有关于弗雷格和罗素的背景知识。读者可通过下列文献获取这些知识：

1. 《弗雷格哲学论著选辑》（王路编译，商务印书馆，2006 年）相关内容包括：概念文字的基本理念；函数和函项的概念；概念与对象的区分；普遍性的概念；含义与指称的概念（该书中译为"意义/含义"与"意谓"）；否定的概念。

2. 《逻辑与知识》（罗素著，苑莉均译，商务印书馆，1996年）主要是其中的长文"逻辑原子主义"，其中罗素按照自己的方式思考了他曾经和维特根斯坦共同讨论的一些问题。读者可从中了解一些问题的背景，包括：名称与命题的区分；谓词与关系的概念；命题函项以及量词的概念；摹状词理论（这部分内容在同一本书中的另外一篇文章《论指称》中可以找到更加集中的讨论）；关于否定事实以及复合事实的讨论；类型论。

3. 《数理哲学导论》（罗素著，晏成书译，商务印书馆，1982年）这是对于罗素的数学基础研究的简明而又系统的介绍，其中包括了命题函项概念、摹状词理论以及类型论。对于这些理论如何在数学哲学中起作用，本书也给出了很好的例示。

为了帮助理解，正文中还添加了一定数量的注释。其中大部分注释的目的是补充背景信息，用于说明作者未加解释的词语，以及未说明的文献来源，并对翻译时所做出的取舍做出必要的说明。还有少部分注释则是在不影响阅读进程的情况下，对原文的语言或相关的费解之处进行疏解。有些地方因为语言风格而为理解增加了不必要的难度，如果不能通过翻译上的调整而消除，就添加注释说明。原文中只有一个注释，因此只对这个注释用"原注"加以说明。其他未加说明的注释，都是译者所加。

译后记对本书的翻译原则进行了说明，并重点讲解了两个关系到全局理解的翻译问题。建议读者在阅读正文之前或者过程中对照阅读。此外，书中包括的数理逻辑符号以及个别术语在不影响表达思想的前提下做了调整，以便让读者不用查对过时的文献就能够理解。书中按照现在的标准形式使用存在量词（∃）、全称量词（∀）、合取（∧）、析取（∨）、否定（~）、实质蕴涵（→）、合舍或者谢夫竖（|）、函项形式，以及像"概括"这样的术语。

《逻辑哲学论》是一部只能精读的书。如果没有找到恰当的关注点，不知道该以什么方式把那些格言式的句子连接起来，精读是不大可能的。希望本书译者的努力能够帮你调好焦距，找到关注点。

祝阅读愉快！

黄敏

原序

或许,只有那些有过与本书表达的相同或者至少相似思想的人,才能理解本书。所以,这不是一部教科书。只要能为读了并理解此书的人带来快乐,它的目的就算达到了。

这本书处理哲学问题。我认为它已经说明,这些问题之所以提出,是因为我们语言的逻辑遭到了误解。可以说,这本书的要旨可以概括为:能够说的都可以说清楚,不能说的则须报以沉默。

因此,这本书的目的就是为思考活动划定界限,或者更确切地说,不是给思考活动,而是为思想的表达划定界限。因为,为了给思考活动划定界限,我们必须能够思考界限的两边,也就是要思考不能思考的东西。

因此,界限只能在语言内划出,界限另一边的就只是无意义。

我无意判断自己的工作与其他哲学家在多大程度上一致。其实,就细节而论,对这里所写的东西我也不宣称是原创。我没有说明文献来源,是因为我的想法是否已经有先例,这对我不重要。

我只想说，弗雷格的伟大著作，以及我的朋友伯特兰·罗素的工作，都极大地刺激了我的思考。

如果这本书有什么价值的话，那就在于两件事。首先在于其中表达的思想。在这方面，表达越好，措辞越准确，价值也就越大。这方面我自觉远逊预期，因为我的能力远不足以胜任。也许以后有人会做得更好。

另外，这里要传达的思想在我看来毋庸置疑是真的。因此，我个人觉得问题在本质上已经得到了最终解决。如果我没有弄错的话，那么本书的第二个价值就在于，它表明了问题的解决其实是一项多么小的成就。

路德维希·维特根斯坦
1918年，于维也纳

Tractatus Logico-Philosophicus

–

Ludwig Wittgenstein

1 [1]　世界就是一切，即所有实际情况。

1.1　世界是事实的总体，而不是物的总体。

1.11　确定了这些事实，并确定了这就是所有事实，世界也就确定了。

1.12　而这是因为，事实的总体既决定哪些情况存在，也决定哪些情况不存在。

1.13　逻辑空间中的事实就是世界。

1.2　世界分解成事实。

1.21　分解出的任何一个事实都可能存在或不存在，其余一切不变。

. . . .

2　存在的东西，事实，就是事态[2]的存在。

2.01　事态（物的状态）就是对象（物）的连接。

2.011　物的本质在于可能充当事态的成分。

2.012　逻辑中没有什么是偶然的——如果一个物可能出现在一个事态中，那么这种事态的可能性肯定在物本身中预先就决定了。

---

[1] 原注：分行列出的各个句子前加了十进制的数字作为编号。这些编号表示各个句子在逻辑上的重要性，以及在我的解说系统中的位置。比如，标有 n.1、n.2、n.3 等编号的句子是第 n 号句子的注解，而第 n.m1、n.m2 编号的句子则是对 n.m 号句子的注解。

[2] 关于"事态"一词的翻译，参见译后记。

2.0121　要是一物凭自身就已经可以单独存在，后来才有一种情况与之相适应，那才称得上一种偶然。

如果物能够出现于事态中，那么这种可能性必定从一开始就已经在物中了。

（逻辑的东西不可能只是一种可能性。逻辑处理所有可能性，所有可能性都是其事实）

正如根本不能在空间之外设想空间之物，不能在时间之外设想时间之物，我们也不能脱离与其他对象的连接来设想任何对象。

如果能在事态的连接中设想对象，那么我就不能在这种连接的可能性之外设想它。

2.0122　物可以在所有可能的情况下出现，在这种意义上物是独立的；但这种意义上的独立是与事态的一种联系，即另一种意义的依赖。（词不可能以两种不同的方式出现，一种是单独出现，一种是在句子中出现。）

2.0123　知道一个对象，也就知道它出现于事态中的所有可能性。

（所有这样的可能性必定已经存在于对象的本质中。）

不可能在后来又发现新的可能性。

2.01231　要知道一个对象，就必须知道它所有的内在性质，而不必知道其外在性质。[1]

2.0124 如果所有对象都给出了，那么所有可能的事态也就给出了。

2.013 每一物都好像在可能事态的空间中一样。我可以想象这空间是空的，但不能脱离空间来想象物。

2.0131 空间对象必定处于无限的空间中（空间中的一个点就是一个主目位置）。

视野中的一个斑点不必是红的，但必定有一种颜色；它必定被所谓的颜色空间所包围。音调必定有特定音高，触觉对象必定有特定硬度，等等。

2.014 对象包含了所有情况的可能性。

2.0141 对象出现于事态中的那种可能性就是对象的形式。

2.02 对象是简单的。

2.0201 任何关于复合物的陈述都可以分析成一个关于其构成成分的陈述，进而分析成充分描述复合物的那些陈述。

2.021 对象构成了世界的基体（Substanz/substance）[2]，因此它们不能是复合的。

2.0211 如果世界没有基体，那么一个句子是否具有含义，就要

---

[1] 维特根斯坦赋予"内在性质""内在关系"以及"外在性质""外在关系"以专门意义，对此的正面解释参见 4.122 – 4.1241。

[2] "基体"一词来自亚里士多德，通常译为"实体"。由于维特根斯坦对这个词的用法不同于亚里士多德式的形而上学用法，不能说对象包含在本体论中，故而译为"基体"，以示区别。

依赖于另一个句子是否为真。

2.0212 这样的话就得不到关于世界的图像了，不管要得到的图像是真是假。

2.022 很清楚，无论想象的世界与真实世界有多不同，它必定与真实世界共有某种东西——形式。

2.023 对象正是构成这种牢固形式的东西。

2.0231 世界的基体只能决定形式，而不能决定任何实质的性质。因为要表现实质性质就只能用句子，而要得到实质性质，也只能通过对象的配置。

2.0232 可以这么说，对象是无色的。

2.0233 若不借助外在性质，要把两个具有同样逻辑形式的对象区别开，那就只能说它们不是一个对象。

2.02331 要么一物具有其他东西所没有的性质，那就可以直接通过描述来把它与其他东西区别开，并指出它；要么相反，有若干物与其共有所有性质，于是不可能挑出其中任何一个。

因为如果没有任何东西来区分它，那么我就不能区分它，否则它就已经被区分出来了。

2.024 基体的存在不依赖于实际情况如何。

2.025 它本身就是形式与内容。

2.0251 空间、时间和颜色（有色性），这些是对象的形式。

2.026 只有对象存在，世界才能有牢固的形式。

2.027 牢固的东西，持续的东西，对象，这些都是一回事。

2.0271 对象是牢固的、持续的，配置则是变动的、可变的。

2.0272 对象配置起来就形成事态。

2.03 在事态中对象衔接起来，就像链条中的环节那样彼此嵌合。

2.031 在事态中对象以特定方式相互连接。

2.032 对象在事态中连接的特定方式就是事态的结构。

2.033 结构的可能性就是形式。

2.034 事态的结构就构成事实的结构。

2.04 存在的事态的总体就是世界。

2.05 存在的事态的总体也决定了哪些事态不存在。

2.06 事态的存在和不存在就是实在。

(事态的存在我们称为肯定事实，事态的不存在则为否定事实)

2.061 事态彼此独立。

2.062 你不能从一个事态的存在或不存在推知另一事态存在还是不存在。

2.063 实在的整体就是世界。

2.1 我们为自己制作事实的图像。

2.11 图像表现逻辑空间中的情况，表现事态的存在与不存在。

2.12 图像是实在的模型。

2.13 图像中的要素与对象相对应。

2.131 在图像中,图像要素表示对象。

2.14 图像不外乎其要素以特定方式彼此联系。

2.141 一个图像,就是一个事实。

2.15 图像要素以特定方式彼此联系,这表示物也是这样彼此联系的。

不妨把图像中要素间的这种联系称为结构,称这种结构的可能性为描绘形式。

2.151 有了描绘形式,物之间才可能以图像要素之间彼此联系的那种方式彼此联系。

2.1511 图像就这样与实在相联系——它伸出去够实在。

2.1512 这就像在对实在进行测量。

2.15121 只有分度线最外沿的那些点才会碰到要测的东西。

2.1513 照这样看,让图像成其为图像的那种描绘关系,也就包含在图像中。

2.1514 描绘关系是由图像要素与物之间的对应关系构成的。

2.1515 这些对应关系就好像图像要素的触角一样,让图像得以触碰实在。

2.16 一个事实要能成为图像,它必须与要描绘的东西共有什么。

2.161 图像和被描绘对象中必须有同一个东西,才能让一个成为另一个的图像。

2.17　为了能够按该有的那种方式描绘实在,不管描绘得正确与否,图像都必须与之共有的东西,就是图像的描绘形式。

2.171　对任何实在,只要图像拥有其形式,它都能描绘。
空间图像能描绘一切空间的东西,颜色图像能描绘一切有颜色的东西,等等。

2.172　然而,图像不能描绘其描绘形式,而只能展示它。

2.173　图像从外面表现事物(它的视角就是用来表现的形式)。这就是为什么图像对于事物的表现有对有错。

2.174　但图像不能置身于它用来表现的形式之外。

2.18　不管图像具有何种形式,也不管描绘得是对还是错,只要它终究能够描绘实在,图像都必须与实在共有一种东西,即逻辑形式,或者说实在的形式。

2.181　在图像的描绘形式就是逻辑形式时,图像就被称为逻辑图像。

2.182　任何图像同时就是逻辑图像(相反,比如说,不是所有图像都是空间图像)。

2.19　逻辑图像可以描绘世界。

2.2　图像与其所描绘的东西共有描绘的逻辑形式。

2.201　图像描绘实在,是通过表现事态存在和不存在的可能性进行的。

2.202　图像表现逻辑空间中可能的情况。

2.203 图像包含了其所表现的情况的可能性。

2.21 图像可与实在一致或不一致；图像可以是对的或错的，也可以是真的或假的。

2.22 图像无论是真是假，它都是通过描绘形式来表现其所表现的东西。

2.221 图像所表现的是其含义（Sinn）[1]。

2.222 其含义与实在一致或不一致，就构成图像的真与假。

2.223 为了弄清图像是真的还是假的，我们必须将其与实在相比较。

2.224 单从图像不可能分出真假。

2.225 没有先验为真的图像。

. . . .

3 事实的逻辑图像就是思想。

3.001 "事态是可以思考的"意思就是，我们可以向自己描绘它。

3.01 真思想构成的整体就是世界的图像。

3.02 思想包含了其所思考的情况的可能性。能够思考的也就

---

[1] 在《逻辑哲学论》中，维特根斯坦用了两个词语来区分意义这个概念，一个是"Sinn/sense"，另一个是"Bedeutung/meaning/reference"。对后者的解释在3.203，关于两者的区分，参见3.3。
在需要区分或者可以区分时，我们分别将其译为"含义"和"指称"；而在无须区分或者不能区分时，就都译为"意义"。

是可能的。

3.03 我们不可能思考任何不合逻辑的东西，因为，如果可以思考它，那就得不合逻辑地思考了。

3.031 人们常说，上帝能够创造一切，但不能创造违背逻辑律的东西。真正说来，我们是不能说一个"不合逻辑的"世界是什么样的。

3.032 要在语言中表现任何"与逻辑相矛盾的"东西，这就与在几何中利用坐标来表现与空间定律相矛盾的图形，或者为一个并不存在的点给出的坐标一样，都是不可能的。

3.0321 违背物理定律的事态可以用空间手段加以表现，而违背几何定律的情况却不能。

3.04 一个思想要能够先验为真，那它的真就要由它的可能性来加以保证。

3.05 只有在从思想本身（而无须任何东西与之比较）就能确认其为真时，我们才能先验地知道它是真的。

3.1 通过句子[1]，思想获得了感官可以知觉的表达。

---

1 "句子"系依据德文词"Satz"译出。该词既有"句子"之意，又有"命题"之意。后者在哲学中有时用于比句子更加抽象的东西，比如句子所表达的内容本身，并且这样理解的内容可以在没有句子的情况下也存在。《逻辑哲学论》中并未承认有这种独立于句子的命题存在，故而一般将"Satz"译为"句子"。在需要照顾到汉语语感和惯常说法时，也会用"命题"来翻译。

3.11 我们把可感的句子记号（Zeichen）[1]（说出的、写下来的，等等）用作可能情况的投影。

投影的方法就是去思考句子的含义。

3.12 用来表达思想的记号我称为句子记号。句子就是身处与世界的投影关系中的句子记号。

3.13 句子包含属于投影的所有东西，除了被投影的东西。

这样，虽然被投影的东西本身没有包含其中，其可能性却被包含了。

因此，句子实际上没有包含其含义，但还是包含了表达含义的可能性。

("句子内容"是指有含义的句子的内容。)

句子所包含的是其含义的形式，但不是句子内容。

3.14 句子成分，即若干词语，通过特定关系联系，就构成句子记号。

一个句子记号就是一个事实。

3.141 句子不是词语的混合。——（同理，一个音乐主题也不是声音的混合。）

句子可以用清楚的发音说出来。[2]

3.142 只有事实能够表达含义，一组名称就不能了。

---

[1] 读者需注意记号（Zeichen）与符号（Symbol）的区别。关于"符号"的解释，参见 3.31；符号与记号的区别，参见 3.32 – 3.328。

[2] 关于这一句的译法，参见译后记。

3.143　句子记号是事实,这一点被惯常的手写或印刷的表达形式所掩盖。

比如,在打印出的句子中,句子与词语在记号上并没有表现出本质的区别。

(这就让弗雷格得以把句子称为复合名称。)

3.1431　只要想象一下,由空间物体而不是书写的记号来构成句子,就可以清楚地看到句子记号的本质。

这样,这些物体的空间关系就表达了句子含义。

3.1432　不要说,"复合记号'aRb'说 a 与 b 之间有关系 R",而应该说,"说 aRb 这一事实的,是'a'与'b'处在特定关系中这样一个事实"[1]。

3.144　对于情况,可以给予描述,但不能命名。

(名称就像点,而句子则类似于箭——句子是有含义的。)

3.2　通过让句子记号中的元素对应于思想的对象,句子得以表达思想。

3.201　这样的元素我称为"简单记号",这样的句子则称为"完全的分析"。

3.202　句子中所使用的简单记号就叫作名称。

---

[1] 在罗素的记号系统中,通常用"aRb"这样的符号来表示 a 和 b 之间有关系 R。当代常用的方式则是"$R(a,b)$"。

3.203 名称指称对象，对象是名称的指称（Bedeutung）（"A" 和 "A" 是同一个记号[1]）。

3.21 与简单记号在句子记号中的配置相对应的，是对象在情况中的配置。

3.22 在句子中名称代表对象。

3.221 对象只能命名。记号代表这些对象。我只能谈到它们，但不能断定它们。句子只能说一个东西是怎样的，而不能说它是什么。

3.23 要让句子拥有确定的含义，就得让简单记号成为可能。

3.24 谈论复合物的句子内在地关联于谈论其构成部分的句子。

复合物只能通过描述给出，而这种描述要么正确，要么不正确。如果复合物不存在，那么提到复合物的句子不是无意义（unsinnig）[2]，而只是为假。

一个命题元素表示的是不是复合物，这可以从包含这个元素的句子是否具有不确定性看出来。我们知道句子此时没有把一切都确定下来。（表示普遍性的符号中其实

---

[1] 按照本书的编号方法，3.201 – 3 应该是解说 3.2 中所使用的概念，因此括号中的这句话应该是在解释如何识别记号。其意思应该是说，按照外观和发音来判断是哪个记号。

[2] 维特根斯坦对词意接近的德文词 "unsinnig" 和 "sinnlos" 做了区分。这两个词在英译本中分别被译为 "nonsense" 和 "senseless"。本书中则沿用韩林合的译法，分别译为 "无意义的" 和 "空洞的"。空洞的句子可以有意义，比如重言式，而无意义的句子连空洞都谈不上。请读者自行辨析这两个词的正面意义。

包含了原型。[1])

把复合物的符号转化为简单符号的那种简并，是通过定义来表达的。

3.25　句子有且只有一种完全的分析。

3.251　句子所要表达的总能得到确定的、清晰的表达——句子可以用清楚的发音说出来。

3.26　名称不能通过定义来进一步分解，它是初始记号。

3.261　所有被定义的记号都是通过用来定义它们的记号来表示事物的，而定义则表明怎样通过它们来表示。

两个记号，如果一个是初始记号，另一个是用初始记号定义的记号，那么它们不可能以同样的方式表示事物。名称不可能通过定义来加以分解（任何独立地拥有指称的记号都不能分解）。

3.262　不能由记号来表达的，可以通过记号的使用加以展示。被记号掩盖的东西，会在记号的使用中得到揭示。

3.263　初始记号的指称可以通过阐明来加以解释。阐明是由把初始记号包含在内的句子构成的。你只有在已知记号指称的前提下才能理解这些用来阐明的句子。

3.3　只有句子才有含义；只有在句子所体现的连接关系中，

1　原型在这里应该是作为部分确定的情况被提及的。"原型"一词的德文词为"Urbild"，意为"原始的图像"。但原型并非图像，而是本身体现了逻辑形式的图像要素。当把句子中的名称都换成变元，就得到了一个表明原型的式子。

名称才有指称。[1]

3.31　句子中表明句子含义的任一部分，我都称为表达式（或者符号）。

（句子本身就是表达式。）

能够为不同句子所共有、对句子含义起实质作用的所有东西，都是表达式。

表达式标出了形式和内容。

3.311　表达式预先确定了所有包含它的句子的形式。它是一组句子共同的特征性标志。

3.312　因此表达式就表现为它所标出的那些句子的一般形式。

事实上，在这种形式中，表达式是常项，而其余的东西则都是变元。

3.313　于是，一个表达式就可以以变元形式出现，变元的值就是包含该表达式的句子。[2]

（在极限的情况下，常项也是变元，句子也是表达式。）

---

[1] 维特根斯坦虽然区分了含义与指称，但这种区别与弗雷格不同。弗雷格认为名称和句子都既有含义又有指称，而维特根斯坦则认为指称只能属于名称，含义只能属于句子。维特根斯坦在这一点上与罗素一致，认为句子的含义是句子结构性的特征，并且具有方向（3.144）。罗素关于句子含义的解释，参见 Russell, *Principles of Mathematics*, Routledge, 1903/2010, §217; Russell, *Theory of Knowledge: the 1913 Manuscript*, ed. by Elizabeth Ramsden Eames, London and New York: Routledge, 1992, pp.86 - 89.

[2] 维特根斯坦把变元的意义理解为变元的值所共有的东西，这与当代的变元概念是不同的。当代的变元概念来自弗雷格，一个变元就是一个占位符，它单独并不限制取什么值。

这样的变元我称为"命题变元"。

3.314　只有在句子中，表达式才有意义。所有变元都可以看成命题变元。

（名称变元[1]也可以这么看）

3.315　如果把一个句子的一个构成部分换成变元，就得到一组句子，它们都是由此得到的命题变元的值。总的来说，这组句子还是取决于我们按照任意的约定赋予原来那个句子的成分以什么意义。但是，若把其意义被任意确定的所有记号都换成变元，这组句子还是会保留下来。这时它就不再受制于任何约定，而仅仅受制于句子的本性。它对应于一个逻辑形式——一个逻辑原型。

3.316　一个命题变元可以取什么值，这是规定好了的。
变元本身就规定了这些值。

3.317　这种规定就是明确哪些句子以命题变元为其共同特征。
这就等于描述这些句子。
这个过程因此只关系到符号，而与符号的意义没有关系。
对此，纯粹描述符号，而对符号表示的东西不置一词，这才是唯一重要的。
至于对句子的描述是如何得到的，则不重要。

3.318　与弗雷格和罗素一样，我也把句子看作其所包含表达式

1　如果一个变元在名称中取值，那它就是名称变元。

的函项。

3.32 记号是符号的可感部分。

3.321 所以，两个不同符号就可以共有同一个记号（写下来的、说出来的，等等），在这种情况下它们表示事物的方式就是不同的。

3.322 当用同一个记号表示两个不同对象，如果我们用了两种不同的表示方式，那么这个记号就不能表示两个对象的共同特征。因为，记号当然是任意的。如果我们选择的是两个不同的记号，那么在我们的表示中还有什么共同的东西可言呢？

3.323 在日常语言中我们经常见到同一个词按不同的方式表示事物的情况，这样它们就属于不同的符号。也经常见到，两个以不同方式表示事物的词，只是以表面上相同的方式用于句子。

比如，"是"这个词可以充当系词，可以用来表示等同，还可以用来表示存在。比如，"存在"这个词像"离开"一样被用作不及物动词，"相同的"被用作形容词。再比如，我们既谈论事物（Etwas/something），也谈论事物的发生。[1]

---

[1] 最后一个例子的要点是物与事实之间的区分。物只能用名称表示，事实只能用句子来描述（参见 3.144 以及 3.221），但在形式上都可以用"Etwas/something"这个词来谈论。这一点在汉语中只能以"事物"近似表现。

(在句子"格林是绿色的"[Grün ist grün] 中,第一个词是人名,最后一个词则是形容词。这些词不光是有不同的意义,它们还是不同的符号)[1]

3.324 最为基本的混淆很容易就这样产生(整个哲学到处都是这种错误)。

3.325 为了避免这些错误,我们得使用一种能排除它们的记号语言。在这种语言中,同样的记号不会用于不同的符号,而且记号如果在表示事物的方式上不同,就不会用表面上相似的方式付诸使用。其实就是说,这种记号语言遵守的是逻辑语法,或者说逻辑句法。

(弗雷格和罗素的概念文字就是这种语言,但它还是未能排除所有错误。)

3.326 为了依据记号来辨别出一个符号,你得注意它是如何得到有意义的使用的。

3.327 只有结合其合乎逻辑句法的使用,记号才能确定一种逻辑形式。

3.328 一个记号如果没有用处,它就没有指称。这就是奥卡姆格言的意义。

(在记号语言中,如果一切都按照记号有指称的方式运

---

[1] 这个例子的要点是,句子"Grün ist grün"中出现的两个"grün"是同音异义词。这一点在汉语中难以表现。

作，那么记号就有指称)

3.33 在逻辑句法中，记号意义不应该起作用。应该可以在不提到记号的意义的情况下建立逻辑句法，需要预设的只是对表达式的描述。

3.331 由此出发再来看罗素的"类型论"。可以发现罗素是错误的，在为记号建立规则时他还是得提到记号的意义。

3.332 所有句子都不能陈述它自己，因为句子记号不能包含自身（这就是整个"类型论"）。

3.333 函项不可能充当自己的主目，因而这是因为表示函项的记号已经包含了其主目的原型，不能自己包含自己。

比如，假定函项 $F(fx)$ 可以充当自己的主目，这时就会有句子"$F(F(fx))$"，句子中外层函项与内层函项肯定有不同的意义，因为内层函项的形式是 $\phi(fx)$，而外层函项的形式是 $\psi(\phi(fx))$。两个函项共有的只是字母"F"，但字母本身并不表示什么。

我们不写"$F(Fu)$"，而是写"$\exists\phi(F(\phi u)\wedge(\phi u=Fu))$"，事情立刻就清楚了。

这样就解除了罗素悖论。

3.334 只要知道每个记号是怎样表示事物的，逻辑句法的规则随之也就自己清楚了。

3.34 句子有本质特征和偶然特征。

偶然特征来源于产生句子记号的具体方法。本质特征则是对句子表达含义来说不可缺少的东西。

3.341 因此，句子中的本质特征就是能表达同样含义的所有句子共有的东西。

同理，符号中本质的东西，一般说来就是用于实现同一目的的所有符号所共有的东西。

3.3411 于是也就可以说，一个对象的真正的名称，就是表示该对象的所有符号所共有的东西。这样，任何形式的复合性特征对于名称来说最终都会相继被证明不是必要的。

3.342 在我们的记号法中确实有些东西是任意的。但是，这一点并非任意：如果把某个东西任意地确定下来，就必定会有其他事情发生（这取决于记号法的本质）。

3.3421 某种特定的表示方式可能是不重要的，但它是一种可能的表示方式，这却总是重要的。哲学中总是这样的：单个的情况一再证明是不重要的，但每个个例是可能的，这却对世界的本质有所揭示。

3.343 定义就是从一种语言到另一种语言的翻译规则。按照这样的规则，任何一种正确的符号语言总是可以翻译成任何其他语言。这些语言所共同的，正是这一点。

3.344 符号中表示事物的，是逻辑句法的规则允许我们用来替换的所有符号所共有的特征。

3.3441 例如，对于所有表示真值函项的符号所共有的特征，我们可以这样表达：它们都可以代换成比如"$\sim p$"（"并非

p")和"pvq"("p 或 q")这类记号。

(这样就可以表明,可能的特定记法何以能够揭示一般性的东西。)

3.3442 此外,表示复合物的记号不能任意地分解,以至出现在不同句子中时分解的方式也不同。

3.4 句子确定了逻辑空间中的位置。逻辑位置的存在由句子成分的存在本身即可保证,也就是说,由有意义的句子的存在来保证。

3.41 句子记号与逻辑坐标,这就是逻辑位置。

3.411 几何位置和逻辑位置一样,都是某个东西存在的可能性。

3.42 尽管一个句子只能确定逻辑空间中的一个位置,但整个逻辑空间还是肯定已经经由这个句子给定了。

(否则,否定、析取、合取,等等,就势必为坐标引入越来越多新的成分。)

(环绕图像的脚手架确定了逻辑空间。逻辑空间则整个儿为句子所贯穿。)

3.5 被使用、被思考的句子记号,就是思想。

.　　　.　　　.　　　.　　　.　　　.　　　.

4 思想就是有意义的句子。

4.001 句子的总体就构成语言。

4.002 人们能够在对每个词语指称什么以及如何指称一无所知的情况下,建立能表达所有含义的语言。这就像一个人会说话,但不知道单个音节是怎么发出来的一样。

日常语言是人类机体的一部分,它一点也不比人类机体更为简单。

从这种语言中直接获知支配语言的逻辑是什么,这不是人力可及的。

语言伪装了思想。从这种伪装的外衣你不可能推知下面的思想是什么样的,因为这种外衣的形式本来就不是为了让人看出身体的样子而设计的,它有完全不同的目的。

理解日常语言所需要的暗中起作用的约定是极其复杂的。

4.003 有关哲学主题的大部分句子和问题不是假的,而是无意义的。于是我们就不能够回答这类问题,而只能指出它们是无意义的。哲学家们的大部分句子和问题之所以被提出来,是因为不懂我们语言的逻辑。

(它们就类似于善是否比美更加同一这样的问题。)

因此毫不奇怪,最深刻的问题其实根本就不是问题。

4.0031 哲学整个儿来说就是"语言批判"(但不是毛特纳[1]那种)。是罗素表明了,句子表面上的逻辑形式不一定就是其真正的逻辑形式。

4.01 句子是实在的图像。

句子,以我们思考它的方式来看,就是实在的模型。

4.011 初看起来,句子,比如写在纸上的句子,并不像是想要谈论的实在的图像。同样,乐谱初看起来不像音乐的图像,表音符号(字母)也不像口语的图像。

但这些符号确实是其所表现的东西的图像,甚至就是通常意义上的那种图像。

4.012 显然,我们把像"*aRb*"这样形式的句子看作图像。在这种情况下,记号显然是所表示的东西的相似物。

4.013 明白了这种图像性的本质,我们就会看出,表面上的不规则性(比如乐谱中使用的 ♯ 和 ♭[2])无损于其图像性。因为甚至这种不规则性也描绘了其所表达的东西,只不过方式不同罢了。

4.014 唱片、音乐思想、乐谱、声波,所有这些东西都彼此处

---

[1] 毛特纳(Fritz Mauthner, 1849 – 1923)是一位德国剧评家和哲学家。他从一种语言观出发发展出了怀疑论。他认为,语言主要是服务于社会和文化实践,因而不能用于表现实在的认识论目的。但是,由于还相信语言对于人们获取知识来说是不可或缺的,他从对语言的这种不信任过渡到知识论上的怀疑论。维特根斯坦不认同这种怀疑论。

[2] "♯"与"♭"在乐谱中分别代表升调符号和降调符号。

于描绘与被描绘的内在关系中,而这种关系也存在于语言和世界之间。

它们都拥有共同的逻辑结构。

(就像童话中的两个小伙子,他们的两匹马以及他们的百合花。在某种意义上它们都是一个东西。)

4.0141 有种通用规则,让音乐家可以从乐谱中读出交响乐,也有一种规则让人可以依据唱片的刻线导出交响乐,再利用前一种规则得到乐谱。这样就在这些初看起来迥然不同的东西之间,建立了一种内在的相似性。规则决定了如何把交响乐投影到乐谱语言,也决定了如何把这种语言翻译成唱片语言。

4.015 所有这些相似性,我们语言中所有图像性的表达方式,它们之所以成为可能,全赖于描绘的逻辑。

4.016 要理解句子的本质,我们应该想想象形文字,这种文字是怎样描绘其所陈述的事实。

而表音文字从中发展出来时,并未丢失这种描绘的本质要素。

4.02 我们可以在未经解释的情况下理解句子记号的含义,就说明了这个问题。

4.021 句子是实在的图像,因为只要理解了句子就知道它表现的是什么。而且,无须向我解释含义,我就能理解它。

4.022 句子显示其含义。

句子显示出,如果它是真的,事情是怎样的。并且它说,事情就是如此。

4.023 句子对实在的确定应该达到只需要说是或否的程度。

要达到这种程度,句子就要充分地描述实在。

句子是对事态的描述。

由于对于对象的描述是利用其外在性质,句子对实在的描述诉诸其内在性质。

句子借助逻辑脚手架来构建世界,于是人们实际上就可以从句子中看到,如果句子是真的,那么在逻辑上,可知事实是否存在,可以从假句子得出结论。[1]

4.024 理解一个句子,就意味着知道当句子为真时情况是怎样的。

(因此人们可以在不知句子是真是假的情况下理解它。)

只要理解了句子的构成成分,你就理解了句子。

4.025 把一种语言翻译成另外一种语言,并不是整句整句地翻译,而只是翻译句子的构成成分。

---

1 按照当代的逻辑观点,逻辑推理可以用于仅仅保证推理的有效性,而并不需要前提为真。这里维特根斯坦之所以强调,可以从假的前提得出结论,这应该是在回应弗雷格。弗雷格在早期接受这种观点,但在 1910 年之前的几年改变了想法,认为推理的前提只能是真的。维特根斯坦与之相识时,这个观点应该给他留下了印象。参见 *Posthumous Writings.* ed. Hans Hermes, Friedrich Kambartel, and Friedrich Kaulbach. trans. Peter Long and Roger White. Chicago: University of Chicago Press, 1979, p.180; 261.

（字典不仅翻译名词，而且翻译动词、连词等，所有这些都按同样方式处理。）

4.026 要理解简单记号（词语），就必须有人向我们解释其意义。

但在表达的时候我们用的是句子。

4.027 句子的本质就决定了，它可以向我们传达新的含义。

4.03 句子必须用旧词汇来表达新意思。

句子告诉我们一种情况，因此它必须在本质上与这种情况联系在一起。

这种联系恰恰就在于，句子是这种情况的逻辑图像。

只有作为图像，句子才陈述一件事。

4.031 通过句子，人们好像做实验一样拼合出一种情况来。

可以不说"这个句子有这样一种含义"，而是直接说，"这个句子表现这样一种情况"。

4.0311 一个名称表示一个东西，另一个名称表示另一个东西，这些名称连接在一起。这样，由此得到的整体就像一幅生动的图画，表现着事态。

4.0312 句子之所以成为可能，是基于记号表示对象这一原则。

我的基本思想是，"逻辑常项"没有表示什么，没有什么东西可以表示事实的逻辑。

4.032 句子描述一种情况，只是因为它在逻辑上是结构分明的。

（甚至像"Ambulo"这样的句子也是组合而成的，因为它的词干配以不同词尾，其词尾结合不同词干，都会得到不同的含义[1]）

4.04　句子中的可区分的部分，必须与其所表现的情况中的可区分部分同样多。

它们必须拥有同样程度的逻辑上的（数学上的）复杂度（参见赫兹《力学》中关于动力学模型的讨论）。

4.041　这种数学上的复杂度当然不能反过来成为所描述的对象。在描述的时候人们不能来到这种复杂度之外。

4.0411　比如，对于用"$\forall x f(x)$"来表达的内容，如果我们采用在"$f(x)$"前面加词缀的方式，例如用"$\mathrm{Alg} f(x)$"[2]这样的形式来表达，这就不行。我们不知道被概括[3]的是什么。而如果加脚标"a"，写成比如说"$f(x a)$"的形式，这也不行。我们不知道概括记号的辖域。

如果是在主目位置上引入标记，比如"$(A, A) F(A, A)$"，还是不行。这样对变元我们就分不清哪个是哪个了。其他就不赘述了。

1　"Ambulo"在拉丁文中表示"我步行"，而"Ambulas"则表示"你步行"，"Curro"意为"我奔跑"。
2　"Alg"当为德文词"普遍性"（Allgemeinheit）一词的缩写形式。
3　本书中出现的"概括"一词都是从逻辑上讲的，在这种意义上，概括就是使用量词（全称量词和存在量词）。含有量词的句子就是概括句。

这些方法之所以都行不通，是因为缺乏必要的数学复杂度。

4.0412 同样道理，利用"空间眼镜"来对空间关系的视像做出唯心论的解释，这也不行。因为这样不能解释这些关系的复杂度。

4.05 实在被用来与句子相比较。

4.06 句子能够是真是假，只因它是实在的图像。

4.061 一定不要忽视，句子独立于事实拥有含义，否则就很容易以为，真和假是记号与所表示的事物之间具有同等地位的关系。

在这种意义上人们就会说，比如，"p"作为真方式表示"$\sim p$"作为假方式所表示的东西，诸如此类。

4.062 难道我们就不能像人们以前用真句子那样，用假句子来表达吗？只要知道我们用那些句子来表达的是假的就行了。——不行！因为，只要我们用句子来说情况如何，而情况就是所说的那样，那么句子就是真的；而如果用"p"我们要说的是 $\sim p$，而情况就是那样，那么按照这种新的解释，"p"就是真的而不是假的。

4.0621 然而，记号"p"和"$\sim p$"能够表达同样的事情，是重要的，因为这表明"$\sim$"在实在中不对应于任何东西。

在句子中出现否定，这不足以表明其含义有什么特征

$(\sim\sim p = p)$。

句子"p"与"$\sim p$"有相反的含义,但与之对应的是同一个实在。

4.063 用类比来解释"真"这个概念。白纸上有块黑斑,你可以说明纸上的每一个点是黑的还是白的,以此来描述黑斑的形状。一个点是黑的,这对应于肯定事实,而与一个点是白的(不是黑的)对应的则是否定事实。如果我指出纸上的一个点(用弗雷格的说法就是一个真值),那就对应于要在判断中给出的一个设定等。

此外,确定一个点是黑的还是白的,我必须先知道在什么情况下一个点叫作黑还是白;而要确定"p"是真的(或假的),我必须确定在什么情况下称"p"为真,从而确定句子的含义。

然而,相似性在这一点上消失了:我们可以在纸上指出一个点,而无须知道什么是黑什么是白;但句子若没有含义,那就没有任何东西与之对应,因为它并不表示某种以我们所说的"真"和"假"为性质的东西(即真值)。句子的动词不是像弗雷格所想的那样"是真的"或"是假的";应当说,那些"是真的"的东西已经包含了动词。[1]

4.064 所有命题都必定已经有含义，断定并不能赋予其含义。其实被断定的恰恰就是含义本身。对于否定以及其他诸如此类的情况也是如此。

4.0641 可以说，否定必须与被否定的句子所确定的逻辑位置相联系。

否定句确定了一个区别于被否定句的位置。

借助被否定句子的逻辑位置，否定句也确定一个逻辑位置，它把该位置描述为位于被否定句子的逻辑位置之外。

可以对否定句进行再次否定，而这就说明被否定的已经是一个句子，而不是某种还够不上句子的东西。

4.1 句子表现事态的存在和不存在。

4.11 整个自然科学（或自然科学的总体）就构成所有真句子。

4.111 哲学不属于自然科学。

（"哲学"这个词应该意味着某种位于自然科学之上或之下的学科，而不会与之并列。）

---

[1] 在弗雷格的逻辑系统中，一个判断就是断定某个命题是真的。如果命题仅仅是作为内容被给出而未被断定，那就被称为一个"设定"。在推理中，一个命题如果不是其他命题的成分，那就总是以被断定为真的方式出现，在弗雷格的系统中就要加上断定符"⊢"。故而有命题的动词是"是真的"一说。当代数理逻辑中仍然沿用断定符。关于断定符的进一步评论，参见 4.442。

4.112 哲学的目的是在逻辑上澄清思想。

哲学不是理论,而是活动。

哲学著作本质上是由阐明所构成的。

哲学并不产出"哲学命题",而是澄清命题。

没有哲学,思想就会是混乱和模糊的。哲学的任务就是使之清楚起来,并赋予明确的界限。

4.1121 心理学与其他自然科学一样区别于哲学。

知识论就是关于心理学的哲学。

难道我关于记号语言的研究不就对应于对思考过程展开的研究吗?这种对思考过程的研究曾被哲学家认为对逻辑哲学是重要的,只不过过去的哲学家大都纠缠于不重要的心理学研究了。我的方法也有类似危险。

4.1122 达尔文的理论和任何其他自然科学假说一样,都与哲学无关。

4.113 哲学限定了自然科学争论的范围。

4.114 它应该为可以思考的东西划定界限,从而为不可思考的东西划定界限。

它应当通过从可思考的范围之内出发,来分出不可思考的。

4.115 通过清楚地展示哪些可以说,它表明哪些不可说。

4.116 一切终究可以思考的东西都可以清楚地加以思考。一切可以说的,都可以说清楚。

4.12 句子可以描述整个实在，但不能描述为了描述实在而必须与之共有的东西，即逻辑形式。

为了能够描述逻辑形式，我们就得能够带着句子一起来到逻辑之外，也就是说，来到世界之外。

4.121 逻辑形式不能为句子所描述，它在句子中反映自己。

在语言中反映出来的东西，语言不能描述。

能够自己在语言中表达自己的东西，不能由我们用语言来表达。

句子显示实在的逻辑形式。

句子展示它。[1]

4.1211 比如，句子"$f(a)$"显示出，对象 a 出现在它的含义中，而"$f(a)$"和"$g(a)$"则显示出它们谈论的是同一个对象。

要是两个句子彼此矛盾，那么其结构会显示这一点。同样，结构也会表明一个句子是从另外一个句子推出来的。其他情况也是一样。

4.1212 能显示的，不能言说。

4.1213 这样也就可以明白，我们为什么会觉得，只要在记号语言中一切各就其位，我们也就拥有了正确的逻辑概念。

4.122 在某种意义上我们可以谈论对象或事态的形式性质，而

---

[1] 关于这一部分的解释，可参见译后记。

对于事实，可以谈论结构上的性质。在同样意义上也可以谈论形式关系和结构关系。

（我不说"结构性质"，而是说"内在性质"，不用"结构关系"，而用"内在关系"。）

我引入这些术语，意在表明为什么会把内在关系和真正的（外在的）关系弄混。这种混淆在哲学家中相当普遍。内在性质和内在关系的存在是不能用句子来断言的，而是自己显示在描述相关事态和谈论相关对象的句子中。

4.1221 事实的内在性质也可以说是事实的一种特征（比如，这有点像在说面部特征）。

4.123 一种性质，如果对象缺少它就不可想象，那么它就是内在性质。

（这块蓝色与那块蓝色之间就有一个比另一个更亮或更暗这样一种内在关系。这两个对象不具备这种关系，这是不可想象的。）

（这里，用不同的方式使用"性质"与"关系"这两个词，也就要用不同的方式使用"对象"这个词。）

4.124 一种可能情况的内在性质的存在，不是用句子表达出来的，而是在描述这种情况的句子中，通过句子的内在性质，自己表达出来。

断定一个句子有一种形式性质，这和否定它有这种形式性质一样，都是无意义的。

4.1241　不可能通过说一种形式具有这种性质，另一种形式具有那种性质，以此把不同形式区别开，因为这就假定了能有意义地断定形式具有性质。

4.125　可能情况之间内在关系的存在，是通过描述情况的句子之间的内在关系，在语言中表达自己的。

4.1251　这样也就解决了"所有关系是内在的还是外在的"这样的问题。

4.1252　通过内在关系排列而成的序列，我称为形式序列。

数列的顺序受制于内在关系，而非外在关系。

下列句子构成的序列也是如此：

"aRb"，

"$\exists x(aRx \wedge xRb)$"，

"$\exists x \exists y(aRx \wedge xRy \wedge yRb)$"，等等。

（如果 b 与 a 之间有其中一种关系，就称 b 是 a 的后继[1]）

4.126　在形式性质那种意义上，我们也可以谈论形式概念[2]。

---

[1] 在弗雷格和罗素的数学基础研究中，数都是通过"后继"定义的。直观地说，在一个序列中，如果一个项位于另外一个项后面（"后面"这个概念通常可以用可传递的非对称关系来定义），那么它就是后面那个项的后继。

[2] 在弗雷格那里，"概念"一词不同于我们通常所说的概念，而是谓词所指的东西，它对应于性质或关系，但不等于性质和关系。比如，在"苏格拉底是要死的"这个句子中，谓词"是要死的"所指称的就是概念。弗雷格意义上的概念在维特根斯坦这里被称为"真正的概念"，但不是形式概念。在本书中，"概念"一词有时在这种专门意义上使用，有时又用于一般意义。请读者自行分辨。

(我引入这个术语是为了避免把形式概念与真正的概念混淆。这种混淆充斥了旧的逻辑。[1])

某个东西作为对象落于[2]形式概念之下,这是不能通过句子来表达的,而是在对象的记号本身中显示出来。(名称显示自己所表示的是对象,数词显示自己表示的是数,等等。)

形式概念不能像真正的概念那样表达成函项。

因为作为其标志的形式性质,不是用函项来表达的。

形式性质是通过特定符号的特征来表达的。

因此,表示形式概念的记号,就是其指称落于该概念之下的所有符号的标志性特征。

于是,表达形式概念的就是命题变元,在这种变元中只有这种标志性特征是固定的。

4.127 命题变元表示形式概念,而它的值则表示落于这一概念之下的对象。

4.1271 每个变元都是形式概念的记号。

因为每个变元都表现了固定的形式,这种形式为变元的所有值所拥有,因而可以看成这些值的形式性质。

---

[1] "旧的逻辑"应当是指弗雷格和罗素所建立的数理逻辑。

[2] 在弗雷格那里,如果一个对象具备与一个概念相对应的性质,就称这个对象"落于这个概念之下"。比如,如果苏格拉底是要死的,那么苏格拉底就落于"要死的"这个概念之下。

4.1272 比如，名称变元"x"是对象这个伪概念的真正的记号。

只要"对象"（"物"，等等）这个词得到了正确的使用，相应概念在逻辑记号法中就可以用变元名称来表达。

比如，在句子"有两个对象，它们……"中，这个概念就表达成"$\exists x \exists y(\cdots)$"。

只要是用其他方式来表达，比如用真正的概念词[1]来表达，就会产生无意义的伪命题。

比如，人们不能像说"那里有书"那样说"那里有对象"，也不能说"有100个对象"，或者"有$\aleph_0$个对象"。

谈论所有对象的数是无意义的。

对"复合物""事实""函项""数"等这些词来说，也是如此。

它们都表示形式概念，而在逻辑记号法中则表现为变元，而不是（像弗雷格和罗素所认为的那样）函项或者类[2]。

像"1是一个数"，"只有一个0"之类的说法，都是无意义的。

（说"只有一个1"之为无意义，就像是在说"2+2在3点钟的时候等于4"。）

---

[1] 在弗雷格那里，谓词，也就是指称概念的词，也被称为"概念词"。

[2] 在弗雷格和罗素那里，"类"指可以用谓词加以定义的集合。函项和类均是需要用谓词来确定的。这里是在说弗雷格和罗素允许用普通谓词来表达形式概念。比如用"是一个复合物"这样的谓词来说 aRb 是一个复合物。但在维特根斯坦这里但复合物是一个形式概念，因而不能用谓词来确定或表达。

4.12721 随着给出落于其下的一个对象，形式概念也就已经给出了。因此，人们不能把落于形式概念之下的对象连同形式概念本身一起当作初始概念[1]。比如，人们不能（像罗素那样）在引入函项概念时，还引入特殊的函项充当初始概念；也不能把数的概念和特定的数都当作初始概念。

4.1273 要在逻辑记法中表达概括命题"b 是 a 的后继"，我们需要表达这样一个形式序列的通项：

$$aRb,$$

$$\exists x(aRx \wedge xRb),$$

$$\exists x \exists y(aRx \wedge xRy \wedge yRb),$$

$$\ldots 。$$

形式序列的通项只能用变元来表达，因为用"这个形式序列中的项"表示的是形式概念。（弗雷格和罗素忽略了这一点，他们用来表达像上面那种概括命题的方式因而是错误的，其中包含了恶性循环[2]）

对于形式序列，我们可以通过给出其第一个项，然后给

---

[1] 在一个逻辑系统中，初始概念是那些不加定义的概念，其他概念都是用初始概念定义的。按照罗素的逻辑哲学，落于初始概念之下的对象必须被承认是存在的。这样，其他概念的对象是什么，就可以用这些已经存在的对象来解释。

[2] 就以弗雷格为例来说明。在《算术基础》第 76 节，弗雷格说明了 b 是 a 的后继（b 和 a 都是数）是如何表达的。用非形式的方式来叙述大意就是，存在一个概念 F 和对象 x，x 落于 F 之下，b 是落于概念 F 之下的对象的数，a 则是"落于 F 之下但不是 x"这个概念的数，在这种情况下，b 就是 a 的（直接）后继。这个定义中使用了量词，因而是概括命题，同时也使用了表示形式概念的词来充当谓词。

出从前一个句子生成后一个句子的操作的一般形式，以此来确定其通项。

4.1274 问一个形式概念是否存在，这是无意义的，因为没有句子可以回答这个问题。

（例如，就不能问"有不可分析的主谓句子吗"？）

4.128 数不适用于逻辑形式。

因此在逻辑中没有特殊的数，比如不可能有哲学上的一元论或多元论。

4.2 句子的含义就是句子与事态存在或不存在的可能性一致或不一致。

4.21 最简单的句子，即基本命题，断定事态的存在。

4.211 没有基本命题与之相矛盾，这是基本命题的标志。

4.22 基本命题由名称构成，它是名称之间的联合、接续。

4.221 显然，在对句子做出分析时，我们肯定会遇到基本命题，这些命题是由名称直接连接构成的。

这样也就产生了一个问题，构建命题的这种连接是如何产生的。

4.2211 即使世界无限复杂，每个事实都由无穷多的事态构成，每个事态都包含无穷多个对象，即使如此，也必须有对象和事态。

4.23 只有通过基本命题的连接，名称才会出现于句子之中。

4.24 名称是简单符号，我用单个字母（"x""y""z"）来表示它们。

我把基本命题写成名称的函项，于是其形式就是"$f(x)$""$\phi(x, y)$"，等等。

我也会用"p""q""R"这样的字母来表示它们。

4.241 如果两个记号被用于同一个意思，我就用在它们之间使用记号"="的方式来表达这一点。

"$a=b$"的意思是，记号"a"可以用"b"来替换。

（要用等式来引入新的记号"b"，规定它可以被用来替换已经知道的记号"a"，那我就用罗素的方式把等式写成"$a=b$ Def."。定义是针对记号的规则）

4.242 因此，形如"$a=b$"的表达式只不过是辅助性的描述手段，它并没有说记号"a"和"b"的意义是什么。

4.243 不知道两个名称表示的是同一个东西还是两个不同的东西，这能算理解了这两个名称吗？——如果不知道两个名称的意义是否相同，我们能算理解了包含这两个名称的句子吗？

如果我知道一个英文词的意义，也理解一个与之同义的德文词，那么我就不可能不知道它们的意义相同，也不可能做不到把一个翻译成另一个。

像"$a=a$"这样的表达式以及由此导出的东西，都既非基本命题，也非其他有意义的表达式（这一点到后面就会慢慢清楚）。

4.25 基本命题为真,则事态存在;基本命题为假,则事态不存在。

4.26 确定了所有真的基本命题,也就完全描述了整个世界。对世界的完全描述可以通过给出所有基本命题,然后说明哪些为真哪些为假得到。

4.27 对于 n 个事态来说,就有 $K_n = \sum_{v=0}^{n} \binom{n}{v}$ 种存在和不存在的可能性。

对于这些事态,其中任何一个组合存在,而其他组合不存在,这都是可能的。

4.28 与这些组合对应的,是 n 个基本命题的同样数目的为真(和假)的可能性。

4.3 基本命题的真值可能性就是事态存在和不存在的可能性。

4.31 真值可能性可以用下面这种表格来表示("T"表示"真","F"表示"假"。基本命题下面那些列有"T"和"F"的各行就表示真值可能性,这很容易理解):

p	q	r
T	T	T
F	T	T
T	F	T
T	T	F
F	F	T
F	T	F
T	F	F
F	F	F

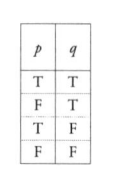

p	q
T	T
F	T
T	F
F	F

p
T
F

4.4 句子所表达的是与基本命题的真值可能性一致或不一致。

4.41 基本命题的真值可能性就是句子为真和为假的条件。

4.411 一开始就可以看到，基本命题的引入应该为理解其他种类的句子提供了基础。其实，对概括命题的理解显然依赖于对基本命题的理解。

4.42 对于 n 个基本命题，存在式中 $\sum\limits_{k=0}^{K_n}\binom{K_n}{k}=L_n$ 种与其真值可能性一致和不一致的方式。

4.43 在表格中，与真值可能性间的一致，就用与之对应的标记"T"（真）来表示。

没有这个标记，就表示不一致。

4.431 与基本命题的真值可能性一致和不一致的表达式，所表达的就是句子的真值条件。

句子就是其真值条件的表达式。

（因此，在解释其概念文字中的记号时，弗雷格把真值条件当作起点，这样做是对的。但他对真这个概念的解释是错的。如果"真"和"假"真的是对象，是像 $\sim p$ 之类的函项的主目[1]，那么弗雷格的方法也就绝对不能确定 $\sim p$ 的含义。）

---

[1] 弗雷格对表达式和句子的意义区分了 Sinn 和 Bedeutung，名称（即经过分析后充当主目的词语）的 Bedeutung 是其所指称的对象，句子的 Bedeutung 则是真值。后来他又把句子当作名称，故而把真值当作对象。

4.44 标记"T"与真值可能性搭配起来,就构成一种句子记号。

4.441 显然,并没有对象(或由对象构成的复合物),与横线、竖线或括号相对应,同样,也没有对象与由"F"和"T"这样的记号构成的复合物相对应。——不存在"逻辑对象"。[1]

当然,对所有那些与"T""F"表格内容相同的记号来说,情况也是一样的。

4.442 比如,下面就是一个句子记号:

p	q	
T	T	T
F	T	T
T	F	
F	F	T

(弗雷格的断定符"⊢"在逻辑上是完全无所指的。在弗雷格(以及罗素)的著作中,它仅仅表明作者把加了这个记号的句子当作真的。因此,"⊢"和比如命题的编号一样,并非句子的一部分。一个句子不可能说它自己是

---

[1] 这里所说的横线、竖线以及括号是指用真值表来定义真值函项的几种形式。前面的表格以及后面的 4.442 以及 5.101 给出的就是这种形式。这里所说的"逻辑对象"是出现在弗雷格和罗素那里的概念。在弗雷格那里是指通过逻辑的手段构造出来的对象,在罗素那里则是逻辑常项所指称的对象。这里应该主要针对罗素。罗素认为一些逻辑函项指称了对象,即与命题结合的性质或者关系。这是些实际存在的东西。

真的。[1]

如果表格中的真值可能性按照某种组合规则从一开始就固定下来，那么最后一列本身就表达了真值条件。把列改成行的形式，句子记号就变成了：

$$(TT—T)\,(p, q)。$$

也可以直接写成：

$$(TTFT)\,(p, q)。$$

（左边括号中位置的数目是由右边括号中的项数决定的。）

4.45 对于 n 个基本命题，可以有 L_n 组真值条件。

对于特定数目的基本命题来说，在其真值可能性的基础上得到的真值条件组可以排成序列。

4.46 在可能的真值条件组中，有两种极端情况。

在其中一种情况下，对基本命题的所有真值可能性来说，句子都是真的。我们说这种真值条件是同语反复的。

在第二种情况下，对于基本命题的所有真值可能性，句子都是假的。这种真值条件就是矛盾的。

我们称第一种情况的句子为重言式，第二种情况的句子为矛盾式。

---

1 参见 4.063 以及相应注释。

4.461　句子显示它在说什么,重言式和矛盾式则显示出它们什么都没有说。

重言式没有真值条件,因其无条件为真;矛盾式则没有令其为真的条件。

重言式和矛盾式是空洞的(sinnlos[1])。

(这就像一个点,两支箭从这个点向相反方向射出。)

(比如,如果我知道天下雨或者不下雨,那么对天气我还是一无所知。)

4.4611　但重言式和矛盾式不是无意义的。它们是符号系统的一部分。同样,"0"也是算术符号系统的一部分。

4.462　重言式与矛盾式不是实在的图像。它们并不描述可能的情况,因为前者承认所有情况,后者则不承认任何情况。

在重言式中,与世界形成一致(即建立描述关系)的条件相互解除,最终丢掉了与实在的描述关系。

4.463　真值条件决定了句子留给事实的自由度。

(从否定的方面讲,句子、图像,或者模型,就像刚体[2]一样限制了其他东西的自由移动;而从肯定的角度说,则类似于被刚性物质所包围的空间,可供物体存身。)

---

[1] 关于"sinnlos"一词的翻译,参见 3.24 注释。
[2] "刚体"是力学术语,指不可变形的物体。刚体实际上是不存在的,是为了计算方便而假定存在的理想物体。

重言式把整个无限的逻辑空间留给了实在；矛盾式则填满了整个逻辑空间，而没有为实在留下任何余地。这样，它们都不能确定实在是怎样的。

4.464 重言式为真，这是确定的；句子为真，这是可能的；矛盾式为真，则是不可能的。

（确定、可能、不可能，这样就标出了概率论所需要的分级系统。）

4.465 重言式和一个句子的合取所说的内容与这个句子相同。因此，这一合取就等于这个句子。因为改变符号中本质性的东西，而不让其含义一同改变，这是不可能的。

4.466 记号在逻辑上如何连接，指称在逻辑上也就会相应地连接起来。若要与任何一种连接都对应，那就只能是没有连接在一起的记号。

换句话说，在所有情况下都为真的句子，不可能是连接在一起的记号。因为，如果是连在一起的记号，那就只有对象特定的连接才与之对应。

（在没有逻辑连接的情况下，就不会有对象的连接。）

重言式与矛盾式是记号连接的极限状态，即这种连接的解体。

4.4661 诚然，在重言式和矛盾式中记号是连在一起的，它们相互之间有特定的关系，但这种关系并不表示什么，对符号来说这种关系并不重要。

4.5 现在应该有可能为句子给出最为一般的形式，就是说，为任何一种记号语言中的句子给出一种描述，所有可能的含义都能够为满足这种描述的符号所表达，而所有满足这种描述的符号，只要其中名称的指称相应地确定下来，这些符号就能表达含义。

显然，这种描述中只包含对于最为一般的句子形式来说不可或缺的东西，否则那就不是最一般的形式了。

不可能存在一种句子，其形式为我们所不能预知（构造）。这就证明了句子的一般形式是存在的。句子的一般形式是：事情就是这样的。

4.51 假设所有基本命题都已给出，然后就只需要问，由此可以得到什么句子。这就是所有句子，这样也就限定了能有哪些句子。

4.52 句子就是从所有基本命题的总体（当然，其中也包括这样一个事实就是所有基本命题的总体）推出的所有东西。（因此可以说，所有句子在某种意义上都是基本命题的概括。）

4.53 句子的一般形式就是变元。

5 句子是基本命题的真值函项。

（基本命题是自己的真值函项。）

5.01 基本命题是句子的真值主目。

5.02 很容易把函项的主目与名称的词缀混淆起来，因为主目和词缀一样，都可以用来辨别由其构成的记号的意义。例如，罗素的记号"$+_c$"中的"c"表示整个记号是用于基数的加号。但记号的这种用法是任意约定的结果，完全可以不用"$+_c$"，而是用一个简单的记号。然而，在"$\sim p$"中，"p"不是词缀，而是主目。只有先理解了"p"的含义，人们才能理解"$\sim p$"的含义。（在尤里乌斯·恺撒这个名字中，"尤里乌斯"是词缀。词缀总是对象的摹状词[1]的一部分，我们会把词缀与对象的名称连在一起用，比如尤里乌斯家的那位恺撒。）

如果我没有弄错的话，弗雷格关于句子和函项意义的理论就建立在对主目和词缀的混淆上。弗雷格把逻辑命题当作名称，而其主目则当作名称的词缀。

5.1 真值函项可以排列成序列。

而这就是概率论的基础。

5.101 特定数目的基本命题构成的真值函项都可以写成如下表格：

---

[1] "Beschreibung/description"在汉语文献中也被译为"描述语"，意为包含了描述性成分的、指称单个对象的名词词组。比如"太阳系最大的行星"就是一个摹状词。

	文字形式	符号形式
(TTTT)(p, q)	重言式：如果 p，那么 p，并且，如果 q，那么 q。	((p⊃p)∧(q⊃q))
(FTTT)(p, q)	并非 p 且 q。	~(p∧q)
(TFTT)(p, q)	如果 q，那么 p。	q⊃p
(TTFT)(p, q)	如果 p，那么 q。	p⊃q
(TTTF)(p, q)	p 或 q。	p∨q
(FFTT)(p, q)	并非 q。	~q
(TFTF)(p, q)	并非 p。	~p
(FTTF)(p, q)	p 或者 q，但并非 p 且 q。	(p∧~q)∨(q∧~p)
(TFFT)(p, q)	如果 p 那么 q，并且如果 q 那么 p。	p ≡ q
(TFFF)(p, q)	p	
(TTFF)(p, q)	q	
(FFFT)(p, q)	既非 p 也非 q。	~p∧~q 或者 p|q¹
(FFTF)(p, q)	p 并且并非 q。	p∧~q
(FTFF)(p, q)	q 并且并非 p。	q∧~p
(TFFF)(p, q)	q 并且 p。	q∧p
(FFFF)(p, q)	矛盾式：p 并且并非 p，并且，q 并且并非 q。	(p∧~p)∧(q∧~q)

对于一个句子的真值主目来说，我称那些使句子为真的真值可能性为句子的真值基础。

5.11 如果一组句子共同的真值基础也是另外某个句子的真值基础，那么我们就说，那个句子之为真，是从那一组句子推出来的。

5.12 特别是，如果句子"q"的所有真值基础也是句子"p"的真值基础，那么"p"为真，就是从"q"为真推出来的。

5.121 q 的真值基础包含在 p 的真值基础中，p 从 q 推出。

5.122 如果 p 从 q 推出，那么"p"的含义也就包含在"q"的含义中。

5.123 如果上帝创造了一个世界，让某个句子为真，那么他也就创造了一个让所有从中推出的句子也为真的世界。同理，上帝无法创造一个世界让句子"p"为真，而不创造出这个句子的所有对象来。

5.124 一个句子断定从中推出的所有句子。

5.1241 "$p \wedge q$"是在断定"p"的同时还断定"q"的句子之一。对两个句子来说，如果没有一个有意义的句子同时断定它们，那么它们就彼此对立。

对于一个句子来说，所有与之矛盾的句子都是在否定它。

5.13 一个句子为真可以从另一个句子为真推出时，我们是可以从句子结构看出这一点的。

5.131 一个句子从另一个句子推出，这一点会体现在句子形式之间的关系中。我们没有必要将两个句子合并成一个，来建立这种关系。相反，这种关系是内在的，只要句子存在，这种关系也就存在。

5.1311 当我们从 $p \vee q$ 以及 $\sim p$ 中推出 q，句子"$p \vee q$"与"$\sim p$"之间的关系在这种情况下被记号的形式所掩盖。如果不写成"$p \vee q$"，而是写成比如"$(p \mid q) \mid (p \mid q)$"，而"$\sim p$"改成"$p \mid p$"（$p \mid q$ = 既非 p 也非 q），那么内在联系也就清楚了。

（从 $\forall (x) f(x)$ 可以推出 $f(a)$，这表明符号"$\forall (x) f(x)$"本身就包含了普遍性。）

5.132 如果 p 从 q 推出,那么我就可以从 q 得出结论 p,从 q 演绎出 p。

推理的本质只能从两个句子中看出来。

这两个句子本身就是推理唯一可能的依据。

"推理规则"在弗雷格和罗素的著作中被用来充当推理的依据,但这些规则是空洞的、流于表面的。

5.133 所有推理都应先验地做出。

5.134 从基本命题中推不出基本命题。

5.135 从一种情况的存在,不可能推出另一种完全不同的情况是否存在。

5.136 没有一种因果联系能充当这种推理的依据。

5.1361 我们不可能从现在的事情推出未来的事情。

相信因果关系,那是迷信。

5.1362 意志的自由在于现在不能知道未来的行为。只有当因果关系像逻辑推理那样是一种内在必然性时,我们才可能知道。——知识与所知道的东西之间的联系,是一种逻辑必然性。

(在 p 是重言式时,"A 知道事情是 p"是空洞的。)

5.1363 从句子对我们来说是自明的,如果推不出句子是真的,那么自明性不足以成为我们相信句子为真的依据。

5.14 一个句子如果是从另一个句子推出来的,那么它就比另外那个句子说得少,另外那个句子说得多些。

5.141 如果 p 从 q 推出、q 从 p 推出，那么它们是同一个句子。

5.142 重言式可以从所有句子推出来，它什么都没有说。

5.143 矛盾式作为句子共同的东西，是没有任何句子与其他句子共享的。重言式作为句子共同的东西，则为所有彼此没有共同内容的句子所共有。

这就像说，矛盾式消失在所有句子之外，而重言式则消失在所有句子之中。

矛盾式构成了句子的外部界限，重言式则构成了句子非实质性的核心。

5.15 如果 T_r 是句子"r"真值基础的数目，T_{rs} 同时为句子"r"和"s"的真值基础的数目，那么我就称比例 $T_{rs} : T_r$ 为句子"r"给予句子"s"的概率的量。

5.151 在像前面 5.101 中那样的表中，设 T_r 属于句子 r 的"T"的个数，T_{rs} 为属于句子 s、同时在句子 r 那一行也对应"T"的个数。这样，句子 r 给予句子 s 的概率就为 $T_{rs} : T_r$。

5.1511 不存在专属概率命题的对象。

5.152 没有共同真值主目的句子，我们说是彼此独立的。

两个基本命题彼此给予的概率是 $\frac{1}{2}$。

如果 p 从 q 推出，那么句子"q"给予句子"p"的概率是 1。逻辑推理的确定性是概率的极限情形。

（这也适用于重言式和矛盾式。）

5.153 就其本身而言，句子谈不上什么概率。一件事要么发生，要么不发生，没有第三种情况。

5.154 假设在罐子里装入相等数量的黑色和白色小球，并且里面没有其他东西了。我一个一个取出小球然后放回去。通过这种实验我可以确定，当继续下去时，取出的黑球和白球的数量会趋于相等。

所以这不是数学事实。

现在，如果我说，"取出白球的概率等于取出黑球的概率"，其意思就是，所有我所知道的条件（包括作为假说被接受的自然律）给予其中一种情况的概率都不会多于另一种情况。按照前面的解释很容易看出，这等于说它们彼此给予 $\frac{1}{2}$ 的概率。

通过实验就确证了两件事的发生是独立于相应条件的，而对这种条件我无须进一步了解。

5.155 概率命题的最小单元是，某种条件（我对其没有进一步了解）给予特定事件的发生以如此这般的概率。

5.156 这样，概率就是一种概括。

它包含了对句子形式的概括性描述。

只有在缺乏确定性的时候我们才使用概率。此时我们对事实的知识其实并不完整，而只是在某种意义上知道其形式。

（一个句子完全可以是特定情况不完整的图像，但它总是完整地描述了某种东西。)

概率命题是其他命题的一种摘要。

5.2 句子结构之间有内在关系。

5.21 为了突出这种内在关系，我们可以把一个句子表现为在其他一些句子基础上进行操作得到的结果，而其他那些句子是操作的基础。

5.22 操作表达了其基础与结果在结构上的关系。

5.23 要从一个句子得到另一个句子，就必须通过操作。

5.231 而这当然取决于句子的形式特征，取决于它们在形式上的内在相似性。

5.232 用来对序列进行排序的内在关系，也就等价于从一项得到另一项的操作。

5.233 只有在句子能够在逻辑上有意义地产生于另一个句子时，也就是说，只有在句子的逻辑结构起作用时，才能进行操作。

5.234 基本命题的真值函项，就是以基本命题作为基础进行操作得到的结果（这种操作我称为真值操作）。

5.2341 p 的真值函项的含义，就是 p 的含义的函项。

否定、析取、合取，等等，这些都是操作。

（否定就是对句子的含义进行颠倒。）

5.24 操作本身会在变元中体现出来，它表明我们怎样从句子的一种形式推进到另一种形式。

它让形式之间的区别得以表达。

（而操作基础与操作结果所共同的东西，就是操作基础本身。）

5.241　操作并不表明形式是什么，而只表现形式之间的区别。

5.242　从"p"得到"q"的那种操作，也让我们从"q"得到"r"，如此等等。这一点只能这样表达出来："p""q""r"等是变元，它们以一种一般的方式表现了特定的形式关系。

5.25　操作的出现并不说明句子的含义如何。

因为操作并不断定任何东西。只有操作的结果做这种断定，而这取决于操作的基础。

（操作与函项一定不能混为一谈。）

5.251　函项不能成为自身的主目，但操作的结果可以充当操作的基础。

5.252　只有以这种方式，从形式序列中的一个项到另一个项（在罗素和怀特海的阶次系统中，就是从一个类型到另一个类型）的过渡才是可能的。（罗素和怀特海不承认这种过渡是可能的，但他们仍旧一再利用这种过渡。[1]）

---

[1] 这一节提到了罗素的类型论。维特根斯坦认为不同的逻辑类型可以构成一个形式序列，其中每个类型都是形式序列中的一个项。罗素认为量词在用于不同类型的对象时意义是不同的。由于把逻辑命题理解为普遍命题，罗素不得不认为不同类型的命题适用于不同的逻辑命题，因此有多少逻辑类型，就有多少个矛盾律。但这显然很不方便，于是他又希望同样的普遍命题（特别是逻辑命题）同时适用于所有类型。

5.2521 对一种操作的结果本身重复运用操作,我称其为迭代("O'O'O'a"是对操作"O'ξ"进行三次迭代的结果)。

同样,对于对若干句子进行的若干操作,我也会说迭代。

5.2522 进而,我用记号"[a, x, O'x]"来作为形式序列 a, O'a, O'O'a, ……的通项。括号中的表达式是变元,其中第一项是形式序列的起点,第二项是序列中任意一项 x 的形式,第三项则是序列中紧接着 x 的那一项的形式。

5.2523 对操作进行迭代,这在概念上就等于说"诸如此类"。

5.253 一次操作会颠倒另一次操作的效果。操作之间可以彼此取消。

5.254 运算可以消失(比如"~~p"中的否定:~~p=p)。

5.3 所有句子都是对基本命题进行真值操作的结果。

真值操作是从基本命题得到真值函项的方法。

真值操作本质上就是不仅要从基本命题得到其真值函项,而且要以同样的方式,从真值函项得到新的真值函项。当对基本命题的真值函项运用真值操作,就总是得到基本命题另外的真值函项,即另一个句子。当对基本命题的真值操作结果再次运用真值操作,总是有对基本命题进行的单次操作,会得到与之相同的结果。

所有句子都是对基本命题进行真值操作的结果。

5.31 在 4.31 的表中,即使"p""q""r"等不是基本命题,表格还是有意义的。

容易看出，即使 4.442 中的"p"和"q"是基本命题的真值函项，这个表还是表达了基本命题的一个真值函项。

5.32 所有真值函项都是对基本命题运用真值操作的有限次迭代的结果。

5.4 这样，没有"逻辑对象"或"逻辑常项"（在弗雷格和罗素的意义上）这样的东西，也就是明显的。

5.41 因为，对真值函项进行真值操作，只要是基本命题的同样的真值函项，其结果也就总是相同的。

5.42 ∨、→ 等不是左与右那种意义上的关系，也是显然的。

弗雷格和罗素的"初始记号"可以交叉定义，这足以表明它们不是初始记号，更不是关系记号。

显然，用"~"和"∨"来定义的"→"，与用来和"~"一起定义"∨"的是同一个东西，而第二个"∨"与第一个"∨"也是同一个东西，等等。

5.43 从一个事实 p 推出无穷多不同的事实，即 ~~p、~~~~p，等等，这真的让人无法相信。你也难以相信，从半打"初始命题"居然能推出无穷多的逻辑（数学）命题。

其实，所有逻辑命题说的都是同样的事情，也就是什么都没说。

5.44 真值函项不是实质性的函项。

比如，双重否定就得到肯定，这不就意味着在某种意义上否定就包含在肯定中吗？"~~p"是在否定 ~p，还是在肯定 p，还是兼而有之？

句子"~~p"不是像谈论对象一样在谈论否定，而应当说，否定的可能性已经预先包含在肯定中。

如果有种被称为"~"的对象，那么"~~p"就在说与"p"不同的东西，因为一个句子在谈论 ~，而另一个则没有。

5.441 表面上的逻辑常项的这种消失也出现在"~∃x~f(x)"的情况下，它所说的内容与"∀xf(x)"相同；还出现在"∃x[f(x)∧x=a]"的情况下，它所说的内容与"f(a)"相同。

5.442 给我一个句子，那么以之为基础的所有真值操作的结果也就一起给出了。

5.45 如果有初始的逻辑记号，那么正确的逻辑一定要清楚地表明它们的相互位置，并为其存在提供依据。如何从初始记号出发建立逻辑，一定要弄清楚。

5.451 如果逻辑中有初始概念，那么这些概念一定要彼此独立。一个初始概念被引入了，那么在其所出现的所有连接中一定都要引入。因此，它不能先在一种连接中引入，后来又在另一种连接中重新引入。例如，否定一旦被引入，那么在"~p"这种形式以及"~(p∨q)""∃x~f(x)"

等其他形式中，我们都一定要按同样的方式理解它。一定不能先为一种情况引入，然后又为另外一种情况引入。因为这样就会有人问，在两种情况下引入的概念是否有同样的意义，与此同时却没有理由在两种情况下都按同样的方式使用记号。

（简言之，弗雷格在《算术的基本原则》中就通过定义的方式引入记号所说的东西，改变一下措辞，也适用于引入初始记号的情况。[1]）

5.452　在逻辑符号系统中引入新的工具，这必然是一件大事。在逻辑中，新工具不应该在括号或者脚注中，以一种不担责任的方式引入。

（比如，在罗素与怀特海的《数学原理》中，出现了用文字表达的定义与初始命题。为什么突然出现文字了呢？这需要理由。但没有理由，其实也不会有理由，因为这其实是不合法的。）

但如果一种新工具的引入被证明在某个地方是必要的，那么我们立即就要问："这种工具在哪里总是必须用到的？"这种工具在逻辑上的位置一定要弄清楚。

5.453　在逻辑中出现的任何数都必须要有理由。

1　参见《算术的基本原则》（*Grundgesetze der Arithmetik*）第 33 节，第 56 – 65 节等处。弗雷格要求定义是完全的，也就是说，被定义的概念（弗雷格那种意义上的）对任何对象是否为真，都要确定下来。此外，他还严禁分情况定义。

应该说，在逻辑中不会有数，这一点必须变得清楚起来。

逻辑中没有地位特殊的数。

5.454 逻辑中没有并列，也不可能有分类。

逻辑中不可能有普遍与特殊之别。

5.4541 逻辑问题的解决必须是简单的，因为这些解决决定了什么算作简单。

人们总会猜想，一定存在某种研究领域，对其中的问题给出的回答先验地就是对称的，并连接成自成一体的系统。

在这个领域中，简单就是真理。

5.46 如果逻辑记号是以正确的方式引入的，那么记号的所有组合也就同时引入了。比如，不仅"$p \vee q$"，而且"$\sim(p \vee \sim q)$"等也一起引入了。与此同时，括号所有可能的组合所产生的效果，也应当已经确定下来了。这样也就很清楚，真正一般性的初始记号不是"$p \vee q$""$\exists x f(x)$"之类，而是其最为一般性的组合形式。

5.461 在逻辑中像 ∨、→ 这些看似关系的东西却不像真正的关系，它们需要括号。这个不起眼的事实实际上是重要的。其实，这些表面上的初始记号要和括号一起使用，这表明它们不是初始记号。肯定不会有人相信，括号本身会有指称。

5.4611 逻辑操作符是标点符号。

5.47 很清楚，关于所有句子的形式，只要是事先能够说出的东西，都一定能一次性地说出来。

基本命题本身确实就已经包含了所有的逻辑操作，因为，"$f(a)$"说了与"$\exists x[f(x) \wedge x=a]$"同样的东西。

只要是组合而成的，就有主目与函项之分；只要有主目与函项，所有的逻辑常项也就都有了。

可以说，唯一的逻辑常项，就是所有句子就其本性来说彼此共有的东西。

而这就是句子的一般形式。

5.471 句子的一般形式就是句子的本质。

5.4711 确定了句子的本质，就意味着确定了所有描述的本质，进而也就确定了世界的本质。

5.472 对句子最为一般的形式进行描述，也就是在描述逻辑中唯一的一般性的初始记号。

5.473 逻辑必须自己照顾自己。[1]

一个记号只要是可能的，就能够表示某个东西。在逻辑中只要是可能的，也就是允许的。（为什么"苏格拉底是相同的"什么也没有说，原因是没有一种性质被称为

---

[1] 这句话与前一句的联系在于，按照罗素的思考方式，初始记号的意义来自语言之外，是由世界中有什么决定的，而前面实际上否定了所有以常项形式出现的逻辑初始记号，这就表明逻辑并不受制于世界中的存在物。逻辑是自主的。这句话在德文中含有自己为自己负责的意思。

"相同的"。这个句子无意义,是因为我们没有做出某个本属任意的决定,而不是因为符号本身不合法。)

在某种意义上,在逻辑中我们不能犯错误。

5.4731 罗素谈论颇多的自明性[1],在逻辑中可有可无,因为语言本身就防止了所有逻辑错误。——逻辑先验的,在于我们不能不合逻辑地思考。

5.4732 我们不能赋予记号以错误的含义。

5.47321 奥卡姆剃刀当然不是任意的规则,也不是为实践上的成功所验证的警句,它其实是说,没有必要用的记号单元是没有指称的。

为同一个目的服务的记号在逻辑上是等价的,没有目的的记号在逻辑上没有指称。

5.4733 弗雷格说,所有合法构造出来的句子都有含义。而我则要说,所有可能的句子都是合法构造的,如果它没有含义,这只能是因为我们还没有为其某些成分赋予指称[2](即使我们觉得自己已经赋予了)。

比如,"苏格拉底是相同的"什么都没有说,是因为"相

---

[1] 罗素把自明性归为一种直觉知识,并一度认为一种自明性可以保证不可错的知识。参见《哲学问题》(*The Problems of Philosophy*)第八章。

[2] 在《算术的基本原则》(*Grundgesetze der Arithmetik*)中(例如第 32 节等处),弗雷格采纳了一种原则来保证构造出的句子确实表达的含义,方法就是通过保证句子中的词语都有指称,并且词语都按照正确的方式组合成句子。维特根斯坦采取了相反的理解方式,即只要是能够写出来的句子,就都可以通过设定指称的方式来使其具备正确的结构。他并不承认存在独立有效的合法性标准。

同"这个词我们没有用来表示性质。若用来表示相同，那就是按一种完全不同的方式使用——表示和被表示关系是不同的。因此，在这两种情况下，符号是完全不同的。两个符号共用一个记号，这只是偶然。[1]

5.474 需要多少基本的操作，这仅仅取决于我们的记号系统。

5.475 而这又都取决于我们要建立的记号系统要有多少个维度，即在数学上的复杂度。

5.476 显然，我们在这里所关心的不是必须表示的哪些初始概念，而是怎么表达一种规则。

5.5 所有真值函项都是对基本命题迭代使用操作 $(T_0\cdots T)(\xi_0,\cdots\xi_n)$ 的结果。

这种操作否定右边括号中的所有句子，我称其为这些句子的否定。

5.501 我用形如"$(\bar{\xi})$"的记号来表明，括号中的表达式以句子作为项，并且这些项的顺序并不重要。"ξ"是变元，其值就是括号内表达式中的项。变元记号上面的横线表示括号中的所有值。

（比如，如果 ξ 有三个值 P、Q、R，那么 $(\bar{\xi})=(P, Q, R)$）

变元要取什么值，这要规定好。

---

[1] "相同"通常表示关系。关系用二元或多元谓词表示，表示性质则是一元谓词。维特根斯坦的例子利用了这个区别。

方法就是对变元所表示的句子进行描述。

如何对括号内表达式中的项进行描述,这并不重要。

可以区分三种描述:

1. 直接列举,这时我们可以直接用充当变元之值的常项来代换变元;

2. 确定一个函数 $f(x)$,其中 x 的所有值就是要描述的句子;

3. 给出一种用于构造句子的形式规则,在这种情况下,括号中的表达式也就包含了一个形式序列的所有项。

5.502 这样就可以用 "$N(\bar{\xi})$" 来取代 $(T_0\cdots T)(\xi_0\cdots \xi_n)$。

$N(\bar{\xi})$ 是命题变元 ξ 的所有值的否定。

5.503 显然,我们很容易就能说明句子怎样能用这种操作构造出来,又怎样构造不出来。应该能用严格的方式说明这一点。

5.51 如果 ξ 有一个值,那么 $N(\bar{\xi})$=~p(并非 p);如果 ξ 有两个值,那么 $N(\bar{\xi})$=~p∧~q(既非 p 也非 q)。

5.511 逻辑,无所不包的、能够反映世界的逻辑,怎能使用这样一些怪里怪气的装置呢?只是因为它们能够彼此勾连,形成无限细密的网,直至成为一面巨镜。

5.512 如果 "p" 是假的, "~p" 就是真的。于是在真句子 "~p" 中, "p" 就是个假句子。那么,波浪线 "~" 怎么就能够让句子与实在相一致了呢?

但在"~p"中起否定作用的不是"~",而是这种记号系统中所有否定 p 的记号所共同的东西。

由此也就有一种共同的规则,依据它可以得到"~p""~~~p""~p∨~p""~p∧~q",等等,以至无穷。所有这些东西的共同之处表现了什么是否定。

5.513 可以说,所有既肯定 p 又肯定 q 的符号共同的东西,就是句子"p∧q";所有断定 p 或者 q 的符号所共同的东西,就是句子"p∨q"。

同样也可以说,如果两个句子没有任何共同的东西,那么它们就彼此对立。并且所有句子都只有一个否定,因为只有一个句子完全位于它之外。

比如,在罗素的记号系统中也很明显,"q∧(p∨~p)"说了与"q"相同的东西,并且"p∨~p"什么都没有说。

5.514 记号系统一旦建立起来,其中就应该包含一种规则,用来确定如何构造否定 p 的所有句子,一种规则用来确定如何构造肯定 p 的所有句子,一种规则用来确定如何构造肯定 p 或者 q 的所有句子,如此等等。这些规则与符号是等价的,它们表现了符号的含义。

5.515 我们的符号必须表明,用"∨""~"等来连接的东西只能是句子。

的确如此,因为符号"p"和"q"本身已经预设了"∨""~"等。如果"p∨q"中的记号"p"不代表复合记号,那么它本身也就不具备含义；但这样一来，记号"$p \lor p$""$p \land p$"等与"p"含义相同的记号，也就不具备含义了。而如果"$p \lor p$"没有含义，"$p \lor q$"也就不会有含义。

5.5151　构造否定句的记号时一定要用到肯定句的记号吗？为什么不能用否定事实来表达否定句呢？（比如，假定"a"与"b"之间并没有某种关系，那么这就可以用来说，情况并不是 aRb）

但即使在这种情况下，否定句的构成也间接地用到了肯定句。

肯定句必定预设了否定句的存在，反之亦然。

5.52　如果 ξ 的值就是 $f(x)$ 对 x 所取的所有值，那么 $N(\bar{\xi})=\sim\exists x f(x)$。

5.521　我把所有这个概念与真值函项分开。

弗雷格和罗素利用合取或析取来引入普遍性。这样就难以理解式子"$\exists x f(x)$"和"$\forall x f(x)$"，其中包含的这两个概念。[1]

5.522　普遍性记号的特殊之处在于：第一，它表示一种逻辑原型；第二，它突出了常项。

5.523　普遍性记号是作为主目出现的。

5.524　给出了一个对象，所有对象也就给出了。

---

[1] 应该说，并没有直接的证据表明弗雷格和罗素用了合取或析取来定义量化句。不过，维特根斯坦的意思应还是清楚。比如，当用"$f(a) \land f(b) \land f(c) \land \cdots\cdots$"（其中 a、b、c 等是 x 所取之值的名称）来定义"$\forall x f(x)$"，我们用了省略号，意思是，对"x"的所有值来说"$f(x)$"都是真的，这就使用了"所有"一词。

给出了基本命题,所有基本命题也就同时给出了。[1]

5.525 像罗素那样,用句式"$f(x)$是可能的"来解释式子"$\exists x f(x)$",这是不正确的。[2]

一种情况是确定的、可能的,还是不可能的,这不是通过句子来表达的,而是通过重言式、有含义的句子,还是矛盾式的句子得以表达的。

人们一直想要参照的先例,肯定就在符号本身中。

5.526 可以用完全概括句来描述世界。在这种句子中,不需要先把名称与特定对象对应起来。

要回到常规的表达方式,只需要加上诸如"有且仅有一个x,它……"这样的表达式就行了。这里的x就是a。[3]

5.5261 完全概括句与所有其他句子一样,是复合的。(这表现在"$\exists x \exists \phi(\phi x)$"式中,我们必须分别提到"$\phi$"和"$x$"。像在非概括句中一样,它们单独与世界建立存在关系。)

复合性符号的一个典型特征是,它与其他符号共有

---

1 这里的意思不是说,对对象和命题的列举就确定了所有对象和命题,而是说,给出这种列举也就给出了相应的原型,而原型让我们知道所有的对象和基本命题是什么。

2 对于模态词"可能的"和"必然的",弗雷格与罗素的解释都与当代的用可能世界的解释不同。罗素把模态词解释成命题函项的谓词,"$f(x)$是可能的"是指对x的有些值$f(x)$是真的,"$f(x)$是必然的"意思是,对x的所有值$f(x)$都是真的。参见《逻辑与知识》,苑莉均译,商务印书馆,1996年,第279页以下。

3 如果补全,这句话的意思应该是,对于常规的表达"$f(a)$",可以用概括句"有且仅有一个x, $f(x)$"。

部分。

5.5262　每个句子的真或假都会对世界的一般结构带来某种改变。基本命题的总体为这种结构留下的自由度，恰好为完全概括句所限定。

（如果一个基本命题为真，那么不管怎样，都会有不止一个基本命题为真。）

5.53　对象的等同我用记号上的等同表达，而不是用表示等同的记号表达。对象上的不同，则用记号上的不同表达。

5.5301　等同明显不是对象之间的关系。考虑比如"$\forall x[f(x) \rightarrow x=a]$"这样的句子，这一点就会清楚起来。这个句子所说的只是，只有 a 满足函项 f，而不是说，只有与 a 有某种关系的对象满足函项 f。

当然有人会说，只有 x 与 a 有这种关系。但是，为了表达这一点，我们又要用到等同记号本身了。

5.5302　罗素对"="的定义是不恰当的，因为按照那个定义我们不能说两个对象共享所有性质。[1]（即使这个句子从来不是真的，它也还是有含义的。）

---

[1] 罗素曾经用"不可区分物同一"这一原则来定义等同，也就是说，如果 a 和 b 的所有性质相同，那么它们就是同一个东西。参见"The Theory of Logical Types"(in *The Collected Papers of Bertrand Russell vol.6: Logical and philosophical papers, 1909 – 13*, John G. Slater et al. ed., Routledge, 1992), pp.24 – 25。这一原则和"同一物不可区分"原则一起，也被称为"莱布尼茨律"。

5.5303 粗略地说，说两个东西等同，这无意义，而说一个东西与自身等同，则什么都没有说。

5.531 因此我不写"$f(a, b) \land a=b$"，而是写"$f(a, a)$"（或者"$f(b, b)$"）。不写"$f(a, b) \land \sim a=b$"，而写"$f(a, b)$"。

5.532 同理，我也不写"$\exists x \exists y (f(x, y) \land x=y)$"，而是写"$\exists x f(x, x)$"；不写"$\exists x \exists y [f(x, y) \land \sim x=y]$"，而是写"$\exists x \exists y f(x, y)$"。（于是，罗素的"$\exists x \exists y f(x, y)$"就变成"$\exists x \exists y [f(x, y) \lor \exists x f(x, y)]$"）

5.5321 进而，比如不写"$\forall x[f(x) \rightarrow x=a]$"，而是"$\forall x[f(x) \rightarrow f(a)] \land \sim \exists x \exists y[f(x) \land f(y)]$"。

句子"只有一个 x 满足 f(x)"则应当读作"$\exists x f(x) \land \sim \exists x \exists y[f(x) \land f(y)]$"。

5.533 这样，等号就不是逻辑记号系统中有实质性意义的部分了。

5.534 于是就可以明白，在正确的记号系统中，像"$a=a$""$(a=b \land b=c) \rightarrow (a=c)$""$\forall x(x=x)$""$\exists x(x=a)$"这样的伪命题根本就写不出来了。

5.535 所有与这类伪命题联系在一起的问题，于是也就都消失了。

这里也就可以解决罗素的"无穷公理"带来的所有

问题。[1]

无穷公理想要说的东西,都可以通过在语言中存在不同指称的无穷多名称体现出来。

5.5351　有些情况会引诱我们使用像"$a=a$""$p \to p$"这类形式的表达式。其实这会在我们谈论原型、句子以及事物等时发生的。比如在罗素的《数学的原则》中,"p 是句子"(这样说并无意义)就被写成符号形式"$p \to p$",并作为一个前提被置于某些句子前面,以防止其主目位置为句子以外的东西所占据。[2]

(为确保主目有正确的形式,把前提"$p \to p$"置于句子前面,这样做是无意义的。只是因为,当句子以外的东西成为主目,这个前提就不是假的,而是无意义的,而句子本身也会因为主目种类不对而变得无意义。因此,这与一个空洞的前提一样,不能用来排除错误的主目。)

5.5352　同样,也有人希望用"$\sim \exists x(x=x)$"来表达"不存在事物"。但即便这是一个句子,如果实际上"存在事物",但这些事物都不与自身等同,那么这个句子不也是

---

[1] 在《数学原理》中,为了使罗素给出的逻辑系统成立,必须假定世界中有无穷多个对象。这一点通过设置无穷公理得到满足,但这样逻辑也就不再是先验的了。

[2] 参见《数学的原则》(*Principles of Mathematics*)第 16 节。在《数学原理》中,罗素放弃了这种定义,而把"基本命题"当作初始概念。

真的吗?

5.54 就一般形式来说，句子只有作为真值操作的基础，才会出现在其他句子中。

5.541 初看起来，好像还有其他方式让一个句子出现在另一个句子中。

尤其是在心理学中，会有像"A 相信实际情况是 p""A 设想 p"等这样的句子形式。

表面上看，这就像一个句子 p 与一个对象 A 之间有种关系。

(在现代知识论（罗素、摩尔等）中，这些命题实际上就是这么解释的。[1])

5.542 然而很清楚，"A 相信 p""A 设想 p""A 说 p"，这些都具有"'p'说 p"的形式。这里我们看到的不是一个事实和一个对象的关系，而是事实之间的关系。这种关系是通过它们在对象上的关联建立的。

5.5421 这表明没有在当今肤浅的心理学中所设想的像灵魂（主体等）之类的东西。

复合的灵魂其实不算灵魂。

5.5422 对"A 判断 p"这种句子形式的正确解释，应当表明判

---

[1] 在罗素和摩尔那里，这类句子被认为表达了"命题态度"（propositional attitudes），即一个人（或他的心灵）与一个命题之间的关系。"命题态度"这个术语至今仍然沿用。

断不可能是无意义的（罗素的理论不满足这个要求[1]）。

5.5423 设想一个复合物，就是要设想它的构成部分以如此这般的方式结合在一起。

这很好地解释了，对下列图形为何会有两种方式把它看作立方体（所有类似现象也都可以解释）。因为我们的确看到了两个不同的事实。

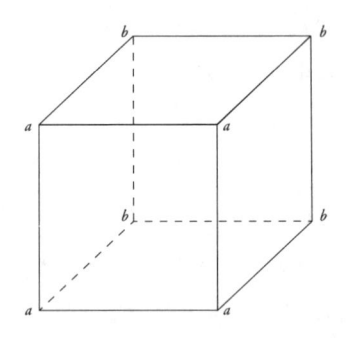

（如果我先看标了 *a* 的各个角，而只用余光看标了 *b* 的那些角，那么标了 *a* 的角就显出是在前面，反过来就显出在后面。）

5.55 我们现在必须先验地回答关于基本命题的所有可能形式的问题。

基本命题是由名称构成的。如果不能确定有多少指称不

---

[1] 这里提到的应当是罗素著名的多重关系理论，这是一种判断理论，按照这种理论，命题是不需要的。参见《逻辑原子主义哲学》（载于《逻辑与知识》，苑莉均译，商务印书馆，1996年），第260页以下。

同的名称，我们也就不能确定基本命题是如何构成的。

5.551 我们的基本原则是，任何问题，只要终究可以在逻辑上决定，那就一定无须多费神，立即就能决定。

（如果到了不得不查看一下世界才能回答这种问题的地步，那就表明我们的方向完全错了。）

5.552 为了理解逻辑所需要的"经验"不是某些情况是怎样的，而是某种东西存在。但这不是一种经验。

逻辑先于任何经验，那些经验是说某个东西是这样的。

它先于"如何"，而并不先于"什么"。

5.5521 如果不是这样，那逻辑又能如何使用呢？可以这么看，如果说，即便没有世界也会有逻辑，那么，何以可能会因为有了世界才会有一种逻辑呢？[1]

5.553 罗素说过，在各种数目的事物（个体）之间存在着简单的关系。[2]但是，在什么数目之间呢？怎么能够确定这一点呢？通过经验吗？

---

[1] 这段颇为费解的话应该预设了，要把逻辑运用于世界，就得承认逻辑依赖于世界（在世界是"什么"而不是"如何"的意义上），也就是说，的确是有了世界才会有一种逻辑。读者可把这里表达的思想与前面5.473对比一下，看是否有冲突。

[2] 罗素曾经表达过这样一种想法：对于特定数目的关系项，总是存在一种最为简单的关系，这些关系的数目决定了这种关系的形式。比如，对于三个关系项 A、B、C，将其联系到一起的可以是 A 与 B 之间的父子关系和 A 与 C 之间的母子关系，也可以是 A 为了 C 而忌妒 B 这样一种关系。后一种关系是最简单的形式，因此，"……为了……而忌妒……"所表示的关系是一种三元关系。总之，一种关系的形式是由它作为最简单的关系所能联系的项数决定的。参见罗素，《我们关于外间世界的知识》，陈启伟译，上海译文出版社，1990年，第39-40页。

（并没有地位特殊的数。）

5.554 确定一种特定的形式，这是一件纯属任意的事情。

5.5541 应该可以先验地回答，比如说，我是否需要一个二十七元的关系记号来表示某个东西。

5.5542 但是，连这样的问题也是合法的吗？我们有可能弄出一种记号形式，却又不知道有没有东西与之对应吗？

为了让某件事发生，必须有什么东西存在，这个问题有意义吗？

5.555 显然，我们拥有关于基本命题的概念，而不牵涉其特定的逻辑形式。

只要有逻辑系统可以让我们建立符号，那么对逻辑来说重要的就是系统，而不是个别符号。

在逻辑中我的任务怎么可能是对付那些我可以自己制定的形式呢？我必须对付的肯定是让我的制定成为可能的东西。

5.556 对基本命题的形式来说，是不可能存在等级系统的。我们所能预见的只是我们自己构建的东西。

5.5561 经验实在为对象的总体所限定。这种界限也通过基本命题的总体体现出来。

等级系统独立于并且必须独立于实在。[1]

5.5562　如果纯粹在逻辑的基础上知道必须有基本命题，那么任何人，只要理解了句子未加分析的形式，也就应该知道这一点。

5.5563　我们的日常语言在逻辑上实际上是完全有序的。——我们这里所要表述的极简单的东西，不是真理的一种仿品，而完完全全是真理本身。

（我们的问题不是抽象的，而或许是所有可能的问题中最为具体的）

5.557　逻辑的使用决定了有什么基本命题。

逻辑不能预先决定自己会被如何使用。

逻辑显然不能与其使用相冲突。

但逻辑必须与其使用相接触。

因此，逻辑与其使用不应该彼此重叠。

5.5571　如果不能先验地给出基本命题，那么试图给出它们就会导致显然的无意义。

5.6　我的语言的界限意味着我的世界的界限。

5.61　逻辑遍布世界。世界的界限也就是逻辑的界限。

因此在逻辑中我们不能说："世界中有这个，有这个，

---

[1] 这里和 5.556 中所说的"等级系统"都是指通过真值操作获得的句子系统，其基础为基本命题，上层句子是下层句子的真值函项。这个系统同时也是形式序列。参见 5.25 及以下。

但没有那个。"

因为这看起来就预设某些可能性被排除了,而这不可能。因为这就要求逻辑超出世界的界限,只有那样才能从另一边来看界限。

我们不能想我们不能想的东西,因此不能想的我们也不能说。

5.62 这样说就在"唯我论在多大程度上是真的"这个问题上启发了我们。

唯我论想说的其实很对,只是不能说出来,而是自己显示出来。

世界是我的世界,这体现在,这种语言(我所理解的唯一语言)的界限意味着我的世界的界限。

5.621 世界和生命是同一个东西。

5.63 我就是我的世界(小宇宙)。

5.631 思考的主体、描述的主体,这些东西是没有的。

如果写一本题为《我所发现的世界》的书,我就会在书中描写我的身体,并说明哪些部分服从我的意志,哪些部分不服从。这种方法与其说是在区分出主体,倒不如说是在一种重要的意义上说明没有主体。因为,唯独主体是书中不能提的。

5.632 主体不属于世界,而是世界的界限。

5.633 在世界中,哪里才能找到形而上学主体呢?

你会说，这完全就像眼睛和视野的情况。的确，你看不到眼睛。

你不能从视野中的任何东西，推论出那是眼睛所看到的。

5.6331　因为，视野的形式肯定不是这样的：

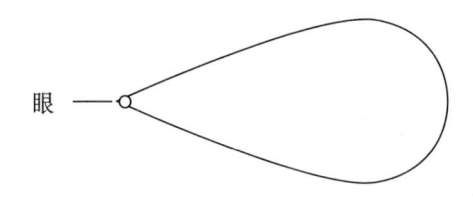

眼 ──○⟨⟩

5.634　与之相联系，我们经验中没有哪个部分同时也是先验的。

我们所看到的所有东西都可能是其他样子的。

所有能够描述的东西都可能不是实际的那种情况。

事物没有先验的秩序。

5.64　从这里可以看出，严格贯彻的唯我论与纯粹的实在论相重合。唯我论的自我缩成一个没有大小的点，与之对应的实在则保留了下来。

5.641　哲学的确能在一种意义上以非心理学的方式谈论自我。

自我是通过"世界是我的世界"这个事实进入哲学的。

哲学的自我不是人，不是人的身体，也不是心理学所研究的人类灵魂，而是形而上学－自我；是世界的界限，而不是世界的一部分。

6　　　真值函项的一般形式是 $[\bar{p}, \bar{\xi}, N(\bar{\xi})]$。

这就是句子的一般形式。

6.001　　这恰恰是在说，所有句子都是对基本命题迭代运用操作 $N(\bar{\xi})$ 的结果。

6.002　　确定了构建句子的一般形式，也就随之确定了可以利用操作从一个句子产生另一个句子的一般形式。

6.01　　于是，操作 $\Omega'(\bar{\eta})$ 的一般形式就是 $[\bar{\xi}, N(\bar{\xi})]'(\bar{\eta})=[\bar{\eta}, \bar{\xi}, N(\bar{\xi})]$。

这就是从一个句子到另外一个句子的转换所采取的最为一般的形式。

6.02　　我们可以这样过渡到数。我定义如下：

$$x = \Omega^{0\prime}x \text{ Def.}$$

$$\Omega'\Omega^{\nu\prime}x = \Omega^{\nu+1\prime}x \text{ Def.}$$

按照这种用来处理记号的规则，我们把序列

$$x, \Omega'x, \Omega'\Omega'x, \Omega'\Omega'\Omega'x, \cdots$$

写成如下形式：

$$\Omega^{0\prime}x, \Omega^{0+1\prime}x, \Omega^{0+1+1\prime}x, \Omega^{0+1+1+1\prime}x, \cdots$$

这样，我就不用"$[x, \xi, \Omega'\xi]$"，而是用"$[\Omega^{0\prime}x, \Omega^{\nu\prime}x, \Omega^{\nu+1\prime}x]$"。

我还这样定义：

$$0+1=1 \text{ Def.}$$

$$0+1+1=2 \text{ Def.}$$

$$0+1+1+1=3 \text{ Def.}$$

如此等等。

6.021　数就是操作的指数。

6.022　数的概念就是所有数共同的东西，即数的一般形式。

数的概念就是数变元[1]。

数之间相等的概念，是数之间相等的所有具体情况的一般形式。

6.03　整数的一般形式是 $[0, \xi, \xi+1]$。

6.031　在数学中，关于类的理论是完全多余的。[2]

相应地，数学所需要的普遍性也不是偶然的普遍性。

6.1　逻辑命题是重言式。

6.11　因此，逻辑命题什么也没有说（它们是分析的命题）。

6.111　一种理论要是让逻辑命题显得像有内容，那么这种理论就是错误的。比如，有人会认为"真"和"假"像其他词一样，表示两种性质，这样一来，说所有句子都要拥有其中一种性质，就显得不寻常了。按这种理论，你根

---

[1] "数变元"一词原文为"die variable Zahl"，直译为"变化的数"。这在学理上说不通。数都是确定的，没有变化的数一说。另外，把形式概念理解为变元，这是前面已经采取过的方式（例如 4.1271）。因此，译者怀疑原文为笔误，或者是一种松散的说法，故而译为"数变元"，即在数中取值的变元。

[2] 类是弗雷格和罗素用来定义自然数的基础概念。

本看不出来是不是这样，这就像"所有玫瑰花要么是黄的要么是红的"这样的句子一样，即使它是真的，你也完全看不出来。逻辑命题变得和自然科学的命题一模一样，这其实是个确凿的信号：我们理解错了。

6.112　对逻辑命题的正确解释，必定让它们在所有命题中占据一个独特位置。

6.113　逻辑命题的标志性特征是，从符号本身就可以看出它们是真的。单单这个事实，就包含了整个逻辑哲学。同样极为重要的是，非逻辑命题的真假不能从句子本身看出。

6.12　逻辑命题是重言式，这显示着语言以及世界的（形式）逻辑性质。

其构成成分按照这种特定的方式连接就构成重言式，这揭示了这些构成成分的逻辑。

为了让句子以特定方式连接以构成重言式，这些句子必须具备特定的结构特征。因此，它们这样连接得到了重言式，这表明它们具备了这些结构特征。

6.1201　比如，句子"p"与"$\sim p$"连接而成的"$\sim(p \wedge \sim p)$"是重言式，这表明它们彼此矛盾。句子"$p \rightarrow q$""p"以及"q"连接成的"$((p \rightarrow q) \wedge p) \rightarrow q$"是重言式，表明 q 是从 p 以及 $p \rightarrow q$ 中推出来的。"$\forall x f(x) \rightarrow f(a)$"是重言式，表明 $f(a)$ 是从 $\forall x f(x)$ 中推出来的。

6.1202　显然，用矛盾式而不是重言式，可以达到同样目的。

6.1203 在没有概括记号的情况下要识别重言式，可以使用下面这种直观性的方法：

用"TpF""TqF""TrF"等等来替换"p""q""r"，真值组合则用括号来表示，例如：

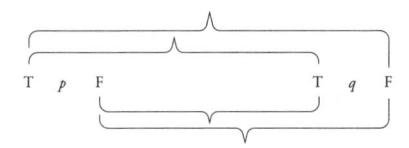

$$\underbrace{\underbrace{\text{T} \quad p \quad \text{F}}_{} \qquad \underbrace{\text{T} \quad q \quad \text{F}}_{}}$$

整个句子的真假与真值主目的真值组合之间的对应关系，则用直线表示，例如：

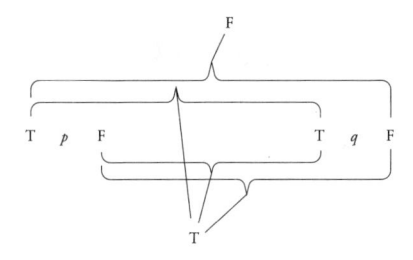

$$\underbrace{\underbrace{\text{T} \quad p \quad \text{F}}_{} \qquad \underbrace{\text{T} \quad q \quad \text{F}}_{}}$$

这个图表示的是句子 $p \rightarrow q$。现在，我想通过例子来看句子 $\sim(p \wedge \sim p)$（矛盾律）是否重言式。按我们的记号法，"$\sim \xi$"这种形式写成：

```
        T
    T ξ F
        F
```

而"$\xi \wedge \eta$"这种形式则写成：

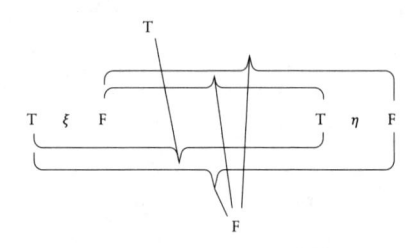

```
            T
    T ξ F        T η F
            F
```

因此，句子 $\sim(p \wedge \sim q)$ 就成为：

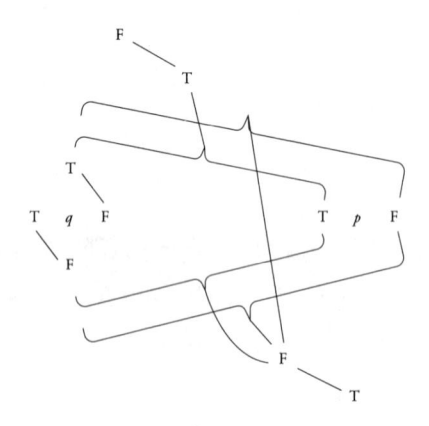

如果用"p"来替换其中的"q",看最外层的 T 和 F 怎样与最内层的联系起来,结果就是主目的所有真值组合都对应于整个句子的真,而没有一个真值组合对应于假。

6.121 逻辑命题表现句子逻辑特性的方式是,把若干句子连接起来,构成一个什么都没有说的句子。

这种方法也可以叫作零度法。在一个逻辑命题中,各个句子彼此平衡,这种平衡状态表明这些句子必须具备什么逻辑构造。

6.122 由此可见,我们实际上可以不要逻辑命题。因为在记号法合适的条件下,只检查句子本身,我们实际上就可以辨别出句子的形式性质。

6.1221 比如,如果"p"和"q"这两个句子连接到"$p \rightarrow q$"中构成重言式,那么 q 显然就是从 p 推出的。

比如,从两个句子本身就可以看出"q"是从"$(p \rightarrow q) \wedge p$"中推出的。不过这一点也可以用另一种方式显示出来,我们用它们构成"$[(p \rightarrow q) \wedge p] \rightarrow q$"这样的形式,然后表明它是重言式。

6.1222 这让我们得以理解,逻辑命题为什么既不能为经验所证实,也不能被经验推翻。逻辑命题不仅不能为所有可能的经验所推翻,而且不可能为所有可能的经验所证实。

6.1223 为什么我们会觉得"逻辑真理"是我们"设定"的,也就变得清楚起来。因为,只要可以设定恰当的记号法,我们就可以设定逻辑真理。

6.1224 为什么逻辑被称为关于形式和推理的理论,这也清楚了。

6.123 显然,逻辑律本身不可能也服从于逻辑律。

(并不是像罗素所想的那样,每个"类型"都会有一种特殊的矛盾律。一个矛盾律就够了,因为它不会运用于它自身。[1])

6.1231 逻辑命题的标志不是普遍性。

普遍性仅仅意味着偶然地对所有东西都有效。非概括句与概括句一样可以是重言式。

6.1232 逻辑的普遍有效性可以被称为本质性的普遍有效性,以区别于像"所有人都是有死的"这类句子的偶然的普遍有效性。罗素的"可还原公理"[2]之类的句子不是逻辑命题,这就解释了为什么我们会觉得,即使这类句子是真

---

[1] 参见 5.252 注释。

[2] 在罗素的分支类型论中,命题函项和主目都被区分成不同类型,只有特定的搭配才能构成合法的命题,这样才得以避免悖论。参与这种合法搭配的函项被称为"直谓函项"。可还原公理是说,任何一个函项都可以有一个与之外延等价的直谓函项。有了可还原公理,就可以用命题函项来定义类。可还原公理是否是逻辑命题,这一点备受争议。关于可还原公理,可以参见《数理哲学导论》(晏成书译,商务印书馆,1982 年)第 178 - 179 页。在那里,可还原公理被译为"还原公理"。

的，那也只是偶然和运气。

6.1233 可以设想可还原公理在一个世界中无效。然而，逻辑与世界实际上是这样的还是那样的显然没有任何关系。

6.124 逻辑命题描述了世界的脚手架，或者说是展现了它。这些命题不"处理"任何东西。它们预设名称有指称，基本命题有含义，这就构成它们与世界的联系。显然，作为本质上就具备了某些特性的东西，符号通过特定连接构成重言式，这件事必定对世界有所揭示。决定性的一点就在于此。我们已经说过，我们使用的符号中有些东西是任意的，有些东西不是。在逻辑中只有后面那种东西得到表达，而这意味着，在逻辑的领域中，不是我们借助记号来表达想表达的东西，而是记号的具有本质必然性的本性自己在表达自己。只要知道任何一种记号语言的逻辑句法，那么所有的逻辑命题也就已经给定了。

6.125 即使是按照以前对于逻辑的理解，事先就描述所有"真的"逻辑命题，这也是可能的。

6.1251 因此，逻辑中从来不会有意外的东西。

6.126 通过对符号的逻辑性质进行运算，可以确定一个句子是否属于逻辑范畴。

在"证明"逻辑命题时我们做的就是这件事。不用劳烦考虑含义或指称，只需要借助记号规则，我们就可以从其他句子构造出逻辑命题来。

证明一个逻辑命题，其实就是通过迭代运用某些操作，来从其他重言式产生要证明的命题。而这些操作如果从重言式开始，就总是产生重言式。（实际上，从重言式推出的只能是重言式）

这种显示逻辑命题是重言式的方法，对逻辑来说当然不是本质性的了。这只是因为，作为开端的那些重言式不经过证明肯定就能表明是重言式。

6.1261 在逻辑中，过程与结果是等价的。（因此不会有意外）

6.1262 逻辑证明只是在情况复杂时用于识别重言式的机械手段。

6.1263 如果利用逻辑的手段不仅能够从有意义的句子证明有意义的句子，而且也能够证明逻辑命题，那就太奇怪了。从一开始就很清楚，对有意义句子的逻辑证明，和在逻辑中证明一个句子，肯定完全是两回事。[1]

6.1264 有意义的句子陈述某件事，而对句子的证明则表明，事实就是如此。但是，在逻辑中任何句子都是一种证明的形式。

所有逻辑命题都是以记号形式出现的肯定前件推理。（不能用句子来表达肯定前件推理）

---

[1] 这里涉及两个区别，一个是逻辑命题与普通句子的区别（参见 4.46 – 4.4661），另外一个则是两种证明的区别，一种证明只利用逻辑推理规则，另外一种则还需要逻辑命题为前提。

6.1265　总是可以把逻辑理解成，所有句子都是自己的证明。

6.127　所有逻辑命题都地位平等，没有哪个本身就是初始命题，而其他则属派生。

所有重言式自己就表明自己是重言式。

6.1271　显然，"初始逻辑命题"的数目是任意的，因为可以从单个初始命题导出逻辑，这个初始命题就是弗雷格的初始命题构成的合取。（弗雷格可能会说，这样就不会有直接自明的初始命题了。然而，像弗雷格那样严格的思想家还在用自明性的程度来充当逻辑命题的标准，那可是一件怪事。[1])

6.13　逻辑不是理论，而是世界的镜像[2]。

逻辑是超验的（transzendental）。

6.2　数学是一种逻辑方法。

数学命题是等式，因此只是伪命题。

6.21　数学命题并不表达思想。

6.211　生活中数学命题从来不是我们所需要的东西。只是在从不属于数学的句子到同样不属于数学的句子的推理中，

---

[1] 弗雷格没有把自明性当作衡量逻辑公理的正式标准，但在论述中常诉诸自明性。

[2] 4.121 和 5.511 也联系到了镜子的比喻。镜面与图画一样，通过反射光线来表现事物。因此，图像显示一些东西，这与镜子的反映是类似的。镜子形成的镜像是二维的，但它表现有深度的图景。这里的镜像就是所显示的东西，而表现的图景相当于被言说的东西。进一步的解释参见译后记，本书第114页以下。

我们才用到数学命题。

(在哲学中问,"实际上我们出于什么目的要用这个词或这个句子"?这总是会通向有价值的见解。)

6.22　世界的逻辑,这在逻辑命题中通过重言式表现,在数学中则是通过等式表现的。

6.23　两个表达式由等号连接,这表示它们可以彼此替换。但是否真能替换,则一定要由两个表达式本身表现出来。

如果两个表达式可以互相替换,这样连接就刻画了它们的逻辑形式。

6.231　能够解释成双重否定,这是肯定的一个性质。

能够解释成"(1+1)+(1+1)",是"1+1+1+1"的一个性质。

6.232　弗雷格说,这两个表达式指称相同而含义不同。[1]

但关于等式,有本质意义的一点是,为了表明用等号连接的两个表达式有相同的指称,等式本身是不必要的。

因为等式是否成立,可以从两个表达式本身中看出来。

6.2321　数学命题是可以证明的,这仅仅意味着,不必将其所表达的内容与事实相比较,这些命题的正确与否就能够看出来。

6.2322　两个表达式指称相同,这是不能加以断定的。因为,为了能够对其指称有所断定,我必须知道其指称;但我不

---

[1] 弗雷格在语言哲学中做出的奠基性贡献,就是区分了语言的含义(Sinn)与指称(Bedeutung)。在《论含义与指称》这篇经典文章中,这个区分就是通过讨论等式为什么能够传达知识内容做出的。

可能知道其指称，而不知道其指称是否相同。

6.2323 等式只是标出了我看待两边表达式的角度，在这个角度上我看出它们的指称相同。

6.233 对于问题"解决数学问题是否需要直觉"，必须回答道，"在这种情况下语言本身会提供必要的直觉"。

6.2331 计算过程的目的，就是促成这种直觉。

计算不是做实验[1]。

6.234 数学是一种逻辑方法。

6.2341 数学方法的本质就在于用等式来工作。因为这种方法就决定了所有数学命题都必须是不言自明的。

6.24 数学中用来获得等式的就是替换方法。

等式表达了两个表达式的可替换性。我们从若干等式出发，依据等式来把一些表达式替换成另一些表达式，从而得到新的等式。

6.241 例如，对命题 2×2=4 的证明是这样的：

$$(\Omega^{\nu})\mu'x = \Omega^{\nu \times \mu'}x \text{ Def.}$$

$$\Omega^{2 \times 2'}x = (\Omega^2)^{2'}x = (\Omega^2)^{1+1'}x$$
$$= \Omega^{2'}\Omega^{2'}x = \Omega^{1+1'}\Omega^{1+1'}x = (\Omega'\Omega)'(\Omega'\Omega)'x$$
$$= \Omega'\Omega'\Omega'\Omega'x = \Omega^{1+1+1+1'}x = \Omega^{4'}x.$$

---

[1] 关于"实验"一词的意义，可以对照 4.031。实验是一种只控制过程而结果开放的操作活动。实验就是要在过程得到控制的情况下，看能得到什么结果。

6.3 逻辑研究的领域涵盖了所有服从定律的东西。逻辑之外的一切都是偶然的。

6.31 所谓的归纳律不可能是逻辑定律,因为表达它的句子显然不是空洞的。——因此它也不可能是先验的定律。

6.32 因果律不是定律,而是定律的一种形式。

6.321 "因果律"是一个通名。在力学中有比如像最小作用量定律这样的"极小原则",同样,在物理学中也有因果律,即一些具有因果形式的定律。

6.3211 甚至在不知道具体内容的情况下,人们其实也预感到,一定会有某种"最小作用量定律"。(在这儿,其实向来如此,先验的确定性被证明是某种纯粹逻辑的确定性)

6.33 我们不是先验地相信守恒律,而是先验地知道一种逻辑形式是可能的。

6.34 包括充足理由律、自然的连续律以及最省力原则等在内的这些句子,都表达了对于科学命题可以采取何种形式的先验直觉。

6.341 比如,牛顿力学就为我们对世界的描述赋予了统一的形式。设想一个白色表面,上面有不规则的黑色块。不管这些色块形成什么图案,我都可以加以描述,并且要多接近就有多接近。方法是,在表面上覆盖网眼足够细的网,并说明每一个网格是黑的还是白的。这样我就关于这个表面的描述赋予了一种统一的形式。用三角形网眼的网和用六边形网眼的网,我都可以达到同样的效果,因此形式是可以选择的。用三角形网眼也许让描述更加简单些,也就是说,用网眼更粗的三角形网,可能比用更细的正方形网描述得更加精确些(或者反之)。不同的网对应描述世界的不同系统。力学通过规定,所有用来描述世界的句子都必须按某种方式从一组句子(即力学公理)中得出,由此确定了描述世界的一种形式。这样它就为建造科学大厦提供了砖块,并且说:"你要建造的所有建筑物,不管是什么,都必须想办法用这些砖块来建,并且只能用这些来建。"

(用数的系统我们肯定可以写下任何想写的数,同样,用力学系统,我们也一定能够写下任何想写的物理学命题。)

6.342 由此我们可以看到逻辑和力学的相对位置。(我们可以用不止一种形状的网格来做成网,比如同时用三角形和六边形。)像前面提到的,可以用特定形式的网来描述图案,这本身对于图案来说并不说明什么(因为对所有图案来说都是如此)。但是,能够用有特定大小网眼的网完全地描述一个图案,这真的表明了图案的特征。

同样,可以用牛顿力学来描述世界,这对世界来说也并不说明什么;对世界有所说明的,是用这些手段可以这样描述世界。用一个力学系统可以比另一个系统更简单地描述世界，这个事实也表明了世界的某种特征。

6.343　力学是一种尝试，它希望按照一个单一的计划，来构建描述世界所需要的所有真句子。

6.3431　物理定律，透过那一整套的逻辑装置，终究还是谈到了世界中的对象。

6.3432　一定不要忘了，力学对世界的描述总是完全一般性的。比如，其中从来不提到特定质点，而只是谈论任意质点。

6.35　尽管图案上的色块是几何图形，几何显然并不包含关于这些色块实际形状和位置的内容。不过，网格是纯几何的，它的所有性质都可以先验地给出。

像充足理由律之类的定律，关心的是网，而不是网所描述的东西。

6.36　如果有因果律，那就应该这样表述："存在自然律"。

然而当然，那是不能说的，它显示自己。

6.361　用赫兹的方式来说就是，只有服从于定律的联系才是可以思考的。[1]

6.3611　我们不可能把一种过程与"时间的流动"相比较，因为没有这种流动，只能将其与另外一个过程，比如计时器

---

[1] 维特根斯坦这里应该是对赫兹的一个想法的延伸。赫兹在《力学原理》（*The Principle of Mechanics*）第109、第110节表达了这样一个观点：力学定律在质点系统的各点间建立的联系将排除掉一些可能的位移，这样，就可以从可能位移被排除的情况中，看出那种联系的存在。在维特根斯坦这里，可能性的排除与确定性的获得是同时的，而确定性则是可思考性的前提。

的运转相比较。

因此，只有依靠其他某个过程，我们才能描述时间进程。

类似的情况也出现在空间上。比如，人们说，对两件事（它们彼此排斥）来说，如果没有原因导致其中一个而不是另一个发生，那么两个就都不会发生。问题其实在于，如果没有某种不对称性出现，我们就不能描述两件事中的一件。而如果有这种非对称性，我们就可以将其当作一件事发生而另外那件事不发生的原因。

6.36111 康德关于左右手不可能重合的问题，也存在于二维的情况。它甚至在一维空间中也存在。下面两个全等的图形 a 和 b，就不可能在不移出这个空间的前提下重合。[1]

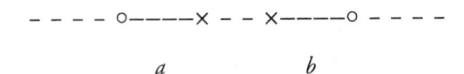

- - - - o————x - - x————o - - - -
　　　　　 a　　　　　　 b

左手和右手实际上是全等的，但它们不能重合，这是另一回事。

---

[1] 在《未来形而上学导论》第 13 节，康德提出了这样一个问题：为什么一些空间对象就内部性质来说是完全一样的，但不能放到同一个空间中？用几何学的术语来说就是，为什么有些全等的图形不能重合。康德自己给出了一个回答，他把不能重合归咎于对象（物自体）与主体的感性之间的关系。维特根斯坦引入这个问题，应该是联系到前面 6.3611 最后一段谈到的对称性。

如果能够在四维空间中翻转一下，右手手套是可以戴到左手上的。

6.362 能够描述的就能够发生，而因果律所排除的东西是不能够描述的。

6.363 使用归纳就相当于接受能够与我们的经验相协调的最简单的定律。

6.3631 但归纳法没有逻辑依据，只有心理学上的依据。

显然，没有理由让我们相信最简单的事件进程真的会实现。

6.36311 太阳明天会升起，这是一个假定。这就是说，我们并不知道它会升起。

6.37 因为一件事发生另一件事也要发生，这种必然性是不存在的。只存在逻辑的必然性。

6.371 整个现代世界观都建立在一个幻觉上，以为所谓的自然律是对自然现象的解释。

6.372 于是人们止步于自然律面前，以为它们是不可侵犯的东西，就像古代人对待神和命运一样。

他们和古代人其实都对，又都不对。只不过古代人更加明白些，他们承认有一个清楚的终点；而现代的系统则把事情弄得好像一切都得到了解释。

6.373 世界独立于我的意志。

6.374 即使我所希望的所有事情都发生了，这也只能说，比如这是命运的眷顾。因为在意志与世界之间没有一种逻辑的联系能够保证这一点，而一种假想的物理性的联系我却又不能指望。

6.375 只有逻辑的必然性，同样，也只有逻辑的不可能性。

6.3751 比如，视野中同一个位置同时有两种颜色，这是不可能的，并且是在逻辑上不可能，因为它为颜色的逻辑结构所排除。

想想这种矛盾在物理学中是如何体现出来的。大体是这样的，一个粒子不可能同时有两个速度，也就是说，它不可能同一时刻在不同位置；这意味着，同一时刻在不同位置的不可能是同一个粒子。

（两个基本命题的合取显然既非重言式也非矛盾式。断定视野中的一个点同时有两种不同的颜色，这是一个矛盾。）

6.4 所有句子都具有同等价值。

6.41 世界的意义必定在世界之外。在世界中，一切都那样存在，那样发生。在世界之内没有价值存在——即使有价值存在，它也没有价值。

如果有种价值是有价值的话，它一定在事实和发生的领域之外。因为，所有的事实与发生都是偶然的。

使其成为非偶然的东西不可能在世界之内，因为如果是的话，那又是偶然的了。

它一定在世界之外。

6.42 因此，也不可能有伦理学命题。

句子不可能表达任何更高的东西。

6.421 显然，伦理学是不可能表达出来的。

伦理学是超验的。

（伦理学和美学是同一回事。）

6.422 当"你应当……"这种形式的伦理律制定出来时，人们首先想到的是，"如果我不这样，那又怎样"？但伦理学明显与通常意义上的惩罚和奖励没有关系。因此，关于行为后果的问题肯定是不重要的。至少这种后果不应当是发生的事情，因为我们所提的问题中还是有些对的东西。肯定还是有某种伦理的奖赏和惩罚，只不过应该是在行为本身之中。

（显然，奖励应该是某种合意的东西，而惩罚则是不合意的。）

6.423 作为伦理主体的意志是不能谈论的。

作为现象的意志则只有心理学感兴趣。

6.43 如果好的或坏的意志改变了世界，那改变的也只能是世界的界限，而不是事实，不是可以用语言表达的东西。[1]

---

[1] 本书一开始，世界作为事实的总体出现，现在则作为界限出现。请注意其中的区别和联系。

总之，世界肯定会整个不同起来。可以说，这肯定是一种整体上的兴衰。

幸福的人与不幸的人不是活在一个世界中。

6.431 至于在死亡的时候，世界不是变了，而是停止了。

6.4311 死，这不是生命的事情。人不会活过死亡。

如果不把永恒理解为时间的无穷延续，而理解为无时间性，那么永恒的生命就属于活在当前的人。

正如视野没有边界，生命没有止境。

6.4312 灵魂在时间意义上的不死，或者说，死后的永生，这不仅是绝无任何保障的，而且这个想法一开始就完全没有起到我们要它起的那种作用。困惑会因为我们的永生而解决吗？永恒的生命不和当前的生命一样，也是一个谜吗？时空之内的生命之谜，其解决在时空之外。

（要解决的当然不是自然科学问题）

6.432 世界是怎样的，这对更高的存在来说完全无关紧要。神不在世界中显身。

6.4321 事实只构成问题，不构成解决。

6.44 神秘的不是世界是怎样的，而是它存在。

6.45 从永恒的观点看世界，就是把世界看作一个整体，一个有限的整体。

感觉到世界是有限的整体，这才是神秘的。

6.5 如果答案是不能表达的，问题也就不能表达。

谜是不存在的。

如果问题终究还是能够提出，那么解答也就是可能的。

6.51　怀疑论不是不能驳斥，而是显然的无意义，因为它要在没有问题可以问的地方提出怀疑。

因为怀疑只能存在于有问题的地方，问题只能存在于有答案的地方，答案则需要有东西可以说。

6.52　我们觉得，即使所有可能的科学问题都得到回答，生命的问题还是完全没有触及。当然，那时也就没有问题留下来了，而这本身就是回答。

6.521　从问题的消失中，你会看到对生命问题的解决。

（从这儿不就可以看到，人们在经历了漫长的怀疑之后终于弄清生命的意义何在，在被问起时为什么却又不能说清这种意义是什么吗？）

6.522　的确有不可表达的东西。它自己显示出来。它就是神秘的东西。

6.53　在哲学中正确的方法是这样的：只说可以说的东西，即自然科学命题，而这是与哲学无关的句子；同时要坚持，只要有人要说起形而上学的东西，就向他说明，他没有赋予句子中的某些记号以意义。对其他人来说这种方法可能不让人满意，他不会觉得这是在教哲学，然而，这是唯一在严格意义上正确的方法。

6.54　我所说的句子在这样一种意义上是阐明性的：任何人，

只要他理解我，当他以这些句子为踏板，攀上去并越过它们，最终就会认识到这些句子是无意义的。（这么说吧，在爬上去以后他得丢掉梯子。）
他必须翻越这些句子，才能正确地看到这个世界。

·　　　·　　　·　　　·　　　·　　　·　　　·

7　　对不可说的，我们必须报以沉默。

……世间所知万物,若非纷扰喧嚣,三词即可说尽。

——库恩伯格

译后记

《逻辑哲学论》是一部篇幅不大,语言也基本上没有难度的著作。对这样的著作,有条件的读者直接去读德文原著或英文译本[1],好像没有什么问题。如果这样,那么任何汉译本都是多余的。再说,以笔者所见,这部著作的汉语译本从1927年至今,已经计有7个,译者分别为:张申府(1927年)、郭英(1962年)、牟宗三(1987年)、贺绍甲(1996年)、陈启伟(2002年)、王平复(2007年)、韩林合(2013年)。这时再出一个译本,就有叠床架屋的感觉了。尽管如此,新的汉译本仍然不是多余的。下面,我就来说明这个新译本的特色。在说明中我也会拿英译本做对照,这样读者就可以明白,不仅相对于以前的汉译本,即使是对现存的英译本来说,我提供的译本也绝不多余。

---

[1] 这本书的德文原文以"Logisch-Philosophische Abhandlung"为名出版于1921年 (in Annalen der Naturphilosophische, XIV (3/4), 1921),其两个英文译本后文分别称为"奥格登译本"(*Tractatus Logico-Philosophicus*, C. K. Ogden trans. with help of Frank Ramsey, London: Routledge & Kegan Paul, 1922)和"皮尔斯译本"(*Tractatus Logico-Philosophicus*, D. F. Pears and B. F. McGuinness trans., New York: Humanities Press, 1961)。由于维特根斯坦希望自己的英文译本与德文原文一起印刷,这两个版本都采取了德英对照的形式。

一

这个译本区别于其他译本,就在于它所奉行的翻译原则,即在易读性和忠实性的权衡中,偏向易读性。对读者来说,易读性是形成理解的前提,而对译者来说,易读性则是理解的成果。我希望在不损害忠实性的情况下尽可能提高易读性,从而促成理解,而不是为了易读而在忠实性上打折扣。

在读者和学者中都存在着神化维特根斯坦的现象。人们认为他是天才的范本,不仅在智力上常人难以企及,而且身怀高深莫测的哲学思想。他甚至已经成为某种文化符号。对维特根斯坦的引用于是体现了某种权威性,在他那里,不理解的、一知半解的东西,也就代表了某种高度,而与大家都理解的平凡的东西区别开来。这种现象不可避免地体现在对待维特根斯坦文本的态度上。有的译者重视翻译的"原汁原味",甚至不惜以辞害意。读者也希望自己拿到的是一个忠实的译本,以便从中读出维特根斯坦的本来意思,但最终还是难免在难以索解的字里行间浮想联翩,把自己体会到的深刻添加到心目中的维特根斯坦形象上。

这种阅读期待背后的那种态度,实际上严重地伤害着整个维特根斯坦研究领域。最近二十多年,维特根斯坦在许多专业学者心目中的地位持续下降。由于理解的缺乏,或者更准确地说,由于人们难以在对维特根斯坦文本的理解上达成足够多的基本共识,具有务实精神的分析哲学家开始怀疑,《逻辑哲学论》中是否真的包含了有价值的思想。毕竟，在分析哲学家看来，真正的思想要经过论证，论证甚至比观点本身更加重要；然而，《逻辑哲学论》似乎没有包含多少论证。人们仍然尊重维特根斯坦，认为他很重要，但在各种正式或非正式的场合谈到他时表现出来的那种挪揄和轻慢态度却更能说明问题。维特根斯坦正在（甚至已经）变成一个符号，他被架空、肢解，对他的引用大多是实用主义的。随着他本人、他的学生，以及在时空上与之有交集的那一代人去世或者离开学界，他不再是一个有血有肉的人了。如果这种情况持续下去，终有一天，维特根斯坦会成为小圈子里的话题，书斋里的古董。

哲学思想活在理解中，而不是活在言辞中。我在这里提供的译本，就希望能够体现理解，至少为理解铺平道路。如果有可能，我会调整措辞，通过语感体现出写作的目的和关切点，从而引导理解的形成。

比如，1.11原文是这样的："Die Welt ist durch die Tatsachen bestimmt und dadurch, dass es alle Tatsachen sind."

奥格登和皮尔斯的英文译文基本相同，其中奥格登的译文是："The world is determined by the facts, and by these being all facts." 虽然措辞不同，陈启伟与韩林合的译文基本上是按照这个意思翻译的。比如，韩林合的翻译是，"世界是由事实决定的，并且是由它们是全部事实这点决定的"。

我则把这句话译成："确定了这些事实，并确定了这就是所有事实,世界也就确定了。"

这里的"die Tatsachen"应当是指前一句"世界是事实的总体,而不是物的总体"(1.1)中所提到的事实,即构成世界总体的那些事实。按照前一种方式翻译固然不错,但逻辑线索不够清晰。前一句就在说世界是事实的总体,这一句还继续说世界是由事实确定的,好像在说同一个意思,其中的要点不是很清楚。"并且"后面的那个从句究竟是什么意思,也不明确。而按照我的译法就一下子可以看出,1.11是在解释1.1,解释在什么意义上世界是事实的总体。为了确定一个世界是怎样的,我们列举世界中的事实,直至所有事实均已列出,不再有新的事实可以包含在内,这样我们就确定了这些就是所有事实。怎样判断所有事实都列举出来了呢?那就是在当我们发现没有包含在已经列出的东西中的都不是事实,都不是存在的情况时,我们就可以断定这一点。由此就很自然地与下一段即1.12衔接起来。这一段说,"而这是因为,事实的总体既决定哪些情况存在,也决定哪些情况不存在"[1]。这就是在用这一点来解释,为什么我们可以用这种方法来判断是否所有事实都已经列出。这样做就是在认识论的层次上考虑什么是事实的总体,而这种考虑获得了单纯从本体论上理解总体这个概念所无法获得的结果。为了达到这一理解,在翻译上所

---

[1] 关于这一段的分析,可以参见拙作《维特根斯坦的〈逻辑哲学论〉——文本疏义》(华东师范大学出版社,2009年)9–13页。也可以参考拙文《维特根斯坦〈逻辑哲学论〉的入口》,《哲学研究》2008年第5期。

做的就是语感上的调整。直接的翻译方式容易理解为世界在本体论上由"并且"所连接的两种事实所构成,而我们的翻译则突出了这是一种认识论程序。同时,这两种事实的关系也就非常清楚了,它们不是简单的并列关系。

《逻辑哲学论》基本上是一段一段的格言体文字连缀而成的,这样做的好处是利于形成直观的图景——很可能维特斯坦本人的思考方式就偏于直观;但是,其缺点也就在于容易掩盖甚至切断逻辑关系。其实,维特根斯坦写作这部著作,就采取了拼贴法,就是把分散在笔记各处的文句段落剪切粘贴到一起,以此构成整体。这也难免会产生逻辑和语感方面衔接不足的问题。译者这时就应该站出来,在自己力所能及的范围内做些修补。比如下面这两段:

2.012 逻辑中没有什么是偶然的——如果一个物可能出现在一个事态中,那么这种事态的可能性肯定在物本身中预先就决定了。

2.0121 要是一物凭自身就已经可以单独存在,后来才有一种情况与之相适应,那才称得上一种偶然。
如果物能够出现于事态中,那么这种可能性必定从一开始就已经在物中了。

把我的这段译文与韩林合的译文对照就可以说明问题。需要

注意的仍然是前后逻辑关系:

2.012 在逻辑中不存在任何偶然的东西:一个物,如果它能出现在一个基本事态之中,那么该基本事态的可能性便已经被预先断定在该物之中了。

2.0121 如下之点看起来好像是偶然的:一个物,本来可以独自存在,后来竟然有一个基本事态适合于它。

如果诸物能出现在诸基本事态之中,那么这一点便已经包含于它们之中了。

应该可以看出,对 2.0121 第一句话的翻译明显不同。韩译是按照字面翻译的结果,而我的译文中添加了明显的语气成分("那才称得上……")。添加了语气成分,就表明这里所说的是与上文相反的情况,与此同时,还解释了上文所说的为什么不是这里所提到的情况,即为什么逻辑中不存在偶然的东西。显然,这句话就是在说,如果逻辑中有偶然性,那会是怎样的。言下之意就是,既然逻辑中不是这样的,所以逻辑中就没有偶然性。读者在韩译中看不到这种逻辑关系。

为理解负责的翻译原则还体现在,要在维特根斯坦写作时的知识背景之下来传达内容,而不是简单地进行文本的转换。这种知识背景中很重要的一部分就是数理逻辑。《逻辑哲学论》的原文使用的是罗素在《数学原理》中使用的符号系统,以及那个时代的逻辑术语,比如"逻辑积"和"逻辑和"。此前所有英文和汉语译本都按照原文进行了忠实的翻译。但这些符号和术语早已过时,普通读者需要借助其他指导才能读懂。由于在内容上没有任何东西为这种符号系统和逻辑术语负责,在这个译本中我就将其尽数替换成当代的标准符号和术语。

此外,像"verallgemeinerter Satz/generalized sentence"(6.1231),我就按照当代数理逻辑的方式翻译成"概括句"。与此不同,陈启伟翻译成"概括化的命题",韩林合则译成"一般化了的命题"。后一种译法尤其不能体现出维特根斯坦是在谈论逻辑。这种对于背景的关注能够让译文避免一些错误。比如4.023第二段的一句话原文是这样的:

Der Satz konstruiert eine Welt mit Hilfe eines logischen Gerüstes und darum kann man am Satz auch sehen, wie sich alles Logische verhält, wenn er wahr ist. Man kann aus einem falschen Satz Schlüsse ziehen.

这个句子皮尔斯的英译文是:

A proposition constructs a world with the help of a logical scaffolding, so that one can actually see from the proposition how everything stands logically if it is true. One can draw inferences from a false proposition.

韩林合的汉语译文是：

一个命题借助于一个逻辑脚手架构造起了一个世界，正因如此，如果该命题是真的，人们也能从它那里看出一切逻辑事项的情况是什么样的。人们能从一个假命题抽引出结论。

而我的译文则是：

句子借助逻辑脚手架来构建世界，于是人们实际上就可以从句子中看到，如果句子是真的，那么在逻辑上，可知事实是否存在。可以从假句子得出结论。

容易看出，两种汉语译文之间最大的区别在逻辑关系的处理上。韩译把"wenn/if"置于比动词"sehen/see"更高的级别上，而我则把由"wenn/if"引导的条件从句当作"sehen/see"后面接的名词性从句的一部分。原文以及英译文在语法上都可以同时支持这两种处理，但显然不可能是两种处理都对。如果对这段话的背景有所了解的话就会明白韩译是错的。弗雷格曾经断定，只能从真前提中得到结论[1]，而这段话应该是在批评弗雷格的观点。这样就能很清楚，维特根斯坦把逻辑理解成过程性的，也就是说，它只

1　参见正文 4.023 节的注释。

是保证从前提到结论的推理是有效的,而不会要求前提为真。这样就会自然地选择我提供的译文。

二

对理解的强调不仅体现在寻求外部支持上,而且,更加重要的是对文本本身的理解。翻译应是理解之后的结果,在理解不足的情况下不可能有好的翻译,当然,更谈不上忠实。《逻辑哲学论》特有的格言般的文体,让理解变得更加有必要。维特根斯坦在风格上的追求,常常体现为文句的简短、用词的节省和解释的缺乏,这让这部著作的许多表述都置身于贫乏的语境之中。按照笔者的翻译经验,短句要比长句难译。长句可以通过上下文提供的语言标记或措辞特征来排除歧义、确定逻辑关系;短句就不行了,译者必须钻到字里行间,从作者没有说但应当说的话中寻找线索。这时,只有理解了,才能得到正确的翻译。

一个简单的例子是 3.141 第二段话,维特根斯坦说,"Der Satz ist artikuliert"。德文词"artikuliert"的意思很清楚,就是"表达""发音清楚"。这个词还有一个技术上的意义,在博物学上用于动物形态,指有关节连接。现在的问题就是选择哪个意思。牟宗三把这个词翻译为"有关节的",陈启伟译为"清晰有节的",韩林合则译为"有节的",这都是在利用第二个义项,意在说明句子是具有结构的。句子如果具有结构,那就不是混合物——结构性与混合性是对立的。这样翻译似乎不为错，但与语境的贴合并不理想。我们在3.141第一段中读到，"句子不是词语的混合。——（同理，一个音乐主题也不是声音的混合）"，如果提到句子是"artikuliert"的目的就是在于与"混合"形成对立，从而否定其混合性，那么提到音乐主题，也就只是在重复这种对立关系。但是，这种重复完全没有必要，维特根斯坦特意用一个括号来指出这一点，也与他对简洁性的追求不符。

而如果按照第一个义项，把"artikuliert"理解为"用清楚的发音说出来"，那么括号中提到音乐主题，也就有了自己的目的。这应该是建议把句子与音乐主题联系到一起来看，一个句子在与音乐主题同样的意义上是"artikuliert"。于是，这就是在说，我们可以像分辨音乐主题一样听清楚一个句子。词语同时也是发音的单位，因此，这么做对德语和英语这样的表音语言来说是非常自然的。这样，括号中短短的一句话就构成了一个论证：音乐主题表明，声音混合的结果造成无法分辨的效果；我们能（或者应该能）听清一个句子；因此，句子不是（或者应该不是）声音（词语）的混合。当然，把"artikuliert"翻译成"用清楚的发音说出来"，是形成这个论证的关键，它让我们从声音方面理解句子，然后才过渡到结构性上。

有趣的是，维特根斯坦在给奥格登的信中也确认说，自己是在"清楚地发出词语的音"的意义上使用"artikuliert"这个词。韩译本还在译注中提到维特根斯坦本人的解释，但仍认为无法与上下文联系，坚持译为"有节的"。这应该是没有看到这种意思与语境如何衔接所致。

又比如，4.113是这样的："Die Philosophie begrenzt das bestreitbare Gebiet der Naturwissenschaft."

这是一个在语法上很清楚但在语义上模棱两可的句子，英文中恰好可以按照语法关系对译（这未必是好事），但汉语中这样做就会出现语义上的区别。对比下面的译文就可以看出歧义是什么了。

陈启伟译文："哲学为自然科学中有争论的领域画出界限。"

韩林合译文："哲学划出自然科学的有争议的领域。"

我的译文："哲学限定了自然科学争论的范围。"

原文"das bestreitbare Gebiet"（英文对应"the disputable sphere"）在意义上既可指"归属权被争夺的领域"，也可以指"争论可能在其中发生的范围"。在汉语中如果按照原文的语法关系，译为"有争议的领域"，一般就理解为前一种意思。这样，韩译在内容上就出现了偏差，它的意思是要由哲学来决定自然科学在哪些事情上发生争论。陈译则因为加上"界限"而在逻辑上融贯了，但在语义上得不到前后文的支持。后面的4.114接着说，"它应该为可以思考的东西划定界限，从而为不可思考的东西划定界限"。哲学显然不对科学争论什么感兴趣，而是对科学争论本身负责，而这进而是因为科学争论是典型的思考活动。这样理解，这句话才进入了文本，而不是孤悬在外。应该打破原文的语法关系，选择最后一种译法。

再举一例。4.27第二段原文是这样的:"Es können alle Kombinationen der Sachverhalte bestehen, die andern nicht bestehen."

这段话也存在歧义。我们看看不同的译文。

陈启伟译文:"可能存在的是事态的一切结合,不可能存在其他的结合。"

韩林合译文:"这些基本事态的所有组合【中的任何一种都】可以存在,而其他的组合则不能存在。"

我的译文:"对于这些事态,其中任何一个组合存在,而其他组合不存在,这都是可能的。"

韩译中使用了记号"【】"来表明添加的内容,此处可不予理会。可以看出,歧义出在"können"(可能)一词的管辖范围上。既可以将其理解为管辖逗号之前的部分,也可以理解成管辖整个句子。陈译和韩译都采取前一种理解,我则采取后一种理解。其他所有汉译本中,和我理解相同的只有牟宗三。而在英文译本中,奥格登译本与我的理解接近(但把"任何一个"译成"所有"),皮尔斯译本则接近于陈、韩的译文。我们看看哪种理解是对的。

这句话的前面是在说明,特定数量的事态有多少种存在与不存在的组合。这句话紧接着就对这些组合本身加以说明。4.28则接着把组合的概念对应到基本命题为真和为假的可能性上。运用一下关于排列组合的知识。若干事态在彼此独立的情况下,每个事态都确定其存在和不存在的情况，由此就得到一种组合；若事态数目是 n，这样的组合就一共有 2^n 个（原文 4.42 中使用的是 "$\sum_k^{K_n} \binom{K_n}{k} = L_n$"）。若以组合为单位，而不是以事态为单位来看，每一个组合都是一种可能的情况，也就是说，在任何情况下，都有且仅有一种组合存在。这一点是事态之间的相对独立性保证的，否则就可能有一种组合在任何情况下都存在（或不存在）。这样，在上面那句话的两种歧义中，就应该按后一种方式来理解。它其实就是在强调事态间的相对独立性。按照前一种方式理解，这句话不仅无法嵌入语境中去，而且单独来看也不知道在说什么。

早期的维特根斯坦（甚至后期也是）好像可以归到格言体作家一类，但这对他来说是误解的开始。维特根斯坦是一个追求确定性和严格性的哲学家，他的著作不允许像读奥斯卡·王尔德那样，按照格言的方式去读。格言的生命力在于启发性，在于言辞上的冲击之后的留白。但若以维特根斯坦的标准来看，这种留白是一种放任。对《逻辑哲学论》，无论是翻译还是阅读，都应当达到确定性，而不能在歧义中寻求所谓的启发性。真正的启发性必须来自思想本身，而不是修辞。

三

最后解释一下对于理解《逻辑哲学论》具有全局价值的两个

翻译要点。

第一个是对"Sachverhalt"的处理。

对这个德文词的翻译产生了很多争议。在奥格登的译本中，这个词被译成了"atomic fact"（原子事实），而在皮尔斯的译本中则被译成"state of affairs"（事态）。这两种译法都得到了支持。对于前一种译法，人们一般会认为得到了维特根斯坦本人的首肯。后一种译法则能够与文本中的一种说法相协调。在2中维特根斯坦提到，事实是Sachverhalten的存在。在其他地方，他也提到Sachverhalt的不存在。若把"Sachverhalt"译为"原子事实"，就会得到像"原子事实不存在"这样的奇怪说法。长期以来，人们采用的是后一种译法。然而，最近又有人反驳说，第一种译法更好，因为即使就语感而言，类似于某个事实并不存在的说法也是说得过去的。此外，"原子事实"这个说法，也确实体现了包括罗素、摩尔在内的哲学家都同意的一个观点，即最终构成世界的东西是不可分的、原子式的事实。[1] 韩林合则在自己的汉译本中采取了折中的方法，用"基本事态"来翻译"Sachverhalt"。

在现在这个译本中，我还是用"事态"来翻译。"原子事实"一词虽然有证据表明得到作者本人的认同，但从《逻辑哲学论》自身的概念系统来讲，仍然是一个糟糕的选择。作者

---

[1] Cf. John O. Nelson, "Is the Pears-McGuinness Translation of the Tractatus Really Superior to Ogden's and Ramsey's？", *Philosophical Investigations*, 22: 2 April 1999, pp. 165－175.

的自我解释充满了历史的偶然，文本本身的逻辑则更值得尊重，尤其是当这种逻辑是系统性的时候。用"原子事实"来翻译"Sachverhalt"，也就将其归为了事实一类，这会产生严重误导。Sachverhalt与事实之间存在范畴区别。事实是作为存在的情况被给予的，提到事实就不能不说它存在，因此存在是事实的内在性质；而对于Sachverhalt来说，存在则只能是其外在性质，也就是说，Sachverhalt可以存在也可以不存在。建立这种范畴区别的并非语感，并不是因为说某个事实并不存在显得很别扭，而是《逻辑哲学论》一开头引入概念的方式。在那里，世界作为哲学的起点，是被给予的东西。对世界进行分解就得到事实。最终得到的是不可分解的事实，这些事实可以当之无愧地叫作"原子事实"。但这样的事实不是Sachverhalt。只有当我们把这样得到的东西当作可以不存在的东西，才能由此得到Sachverhalt。但我们必须把Sachverhalt与通过分解得到的"原子事实"区别开，因为，单靠那些事实无法解释某种情况不存在是怎么回事，那些事实只是存在着，而我们还没有从存在过渡到不存在的途径；Sachverhalt提供了这种途径，它是可以不存在的。一旦看到这是一种范畴区别，就不难理解，把Sachverhalt纳入《逻辑哲学论》中关于世界的基础本体论，是一种错误，因为Sachverhalt不是在世界上如事实一样存在的东西。

这种范畴区别将为后文建立语言哲学提供基础。如果句子所描述的就是事实，那么句子就是真的，因此，单凭事实这个范畴，是不能解释句子为假是怎么回事的。也不能解释句子具有意义是怎么回事，因为句子意义应该在句子真假确定之前就确定下来，而如果要通过事实来确定，就需要句子已经是真的。引入了 Sachverhalt，且令其区别于"原子事实"，就可以说明确定句子的意义是什么（4.0311）。应当说，正是这个区别，让维特根斯坦的语言哲学区别于罗素。罗素一直没有解释清楚句子的意义是什么，他一直在试图利用本体论的东西来建立语义学。这在指导思想上不见容于维特根斯坦，他更多地是把意义理解成理性的成就。"原子事实"这个术语可以很好地用于罗素，但不能用于维特根斯坦。

人们可以有意义地说某个事实并不存在，但这并不构成反对上述范畴区别的理由。因为这种说法可以理解成是在说，被认为是事实的那种情况并不存在。被认为是事实的东西可以不是事实。在转述他人说法时，或者仅仅是在谈论可以被认为是事实的东西时，人们也会直接用"事实"这个词，而不做严格区分。

把"Sachverhalt"译成"基本事态"（例如韩林合的译本）或"原子事态"，看起来就照顾到了事态之间相互独立的说法，而在"原子事实"与"事态"这两种译法之间形成折中。但这仍然是一种误导。因为这就意味着有"复合事态"或者"分子事态"。我们可以把句子分成原子句和分子句（即非原子句），但对事态却不能这么区分。在《逻辑哲学论》的系统中，事态彼此独立，并且关键是，逻辑连接词并不指称实在中的东西，事态之间也不可能有彼此连接的情况,因而也就构不成复合事态或者分子事态。事实之间也不可能出现任何连接,因此区分原子事实与分子事实也构成误导。

维特根斯坦确实对事态以及事实持有原子论观点,但这一观点是明确表述出来的(1.21),而不需要体现在对术语的翻译中。特别是,这种原子论观点连同一些相关的观点可以从《逻辑哲学论》的学说体系中分割出去,而这种分割导致了维特根斯坦从前期到后期的转变的一个重要步骤。在这种情况下,如果把这种观点落实到翻译上,就会妨碍读者理解学说体系的其他部分,从而形成常常是灾难性的误解。

第二个要点则涉及言说与显示的区分。

建立这个区分的关键段落是 4.121。如何理解这个区分,取决于如何翻译这几段话。其德文原文是:

4.121　Der Satz kann die logische Form nicht darstellen, sie spiegelt sich in ihm.

Was sich in der Sprache spiegelt, kann sie nicht darstellen.

Was sich in der Sprache ausdrückt, können wir nicht durch sie ausdrücken.

Der Satz zeigt die logische Form der Wirklichkeit.

Er weist sie auf.

这几段话在形式上比较整齐，它围绕逻辑形式（logische Form）建立反差关系，这种关系存在于 darstellen 与 spiegelt/zeigt/weist（这些动词彼此应该是对等的）之间以及 sich（它本身）与 wir（我们）之间。其中第三段话在提到后一个对子时，使用了同一个动词"ausdrücken"（表达），这就为理解建立了线索。这句话可以翻译为："能够自己在语言中表达自己的东西，不能由我们用语言来表达。"第一段话也出现了"sich"。这样，两段话之间就有呼应关系，自己表达自己的东西与"spiegelt/zeigt/weist"这些动词相联系。

经过这样的分析可以看出，这里是在一级和二级的表现关系之间建立反差。当借助一个中间物（图像、镜子）来表现某种情况时，这是二级的表现，而若没有借助中间物，或者说就是在说明中间物是怎样工作时，则是一级的表现。比如，我使用一个句子来描述一种情况，这种情况就得到了二级表现，而这个句子本身与所要表现的情况之间的关系则是一级的表现。同样，镜子反映某个对象，这是一种二级表现；但镜子本身中的形象（没有将其联系到对象的时候，此时它可以是一个二维的图景），则与镜子有一级表现的关系。这种区别与表现的主体联系在一起。二级表现的主体通常不是中间物，而是比如说人，人通过自己的行为把中间物与被表现的东西联系在一起；一级表现的主体则是表现的那个东西，比如句子或者镜子，不需要联系到行为就可以建立表现关系。这样，"它本身"和"我们"就分别与一级表现和二级表现相联系。要译好这几段,关键是要通过选择合适的动词,来表现这种区别。

对第一句话,韩林合翻译成:"命题不能表现逻辑形式,它映现自身于它们之中。"陈启伟则翻译成:"命题不能表现逻辑形式,逻辑形式反映于命题中。""表现"与"映现"和"反映"不能达到区别的目的,因为"表现"既可以是直接,也可以是间接的,而这里只用间接的义项。可以选择"再现"或"表征",但这两个词都有些不自然。我选择的是"描述",这既照顾到了二级表现关系,又与主体是人自然地联系在一起。

陈启伟对最后一句的处理也出现了问题。他把这句话译为"命题揭示实在的逻辑形式"。最后一句是在一级表现的意义上使用"weist/display",但陈译很不幸选择了"揭示"这个词,这个词不具备区分表现方式的效果。

第三段话涉及主体的区分,也应当把这一要点体现在翻译中。这句话韩林合译为:"我们不能通过语言来表达表达自身于它之中的东西。"由于里面的"它"指代不明,这个句子无法建立汉语语感。陈启伟则译为:"我们不能用语言表达那自身表达于语言中的东西。"这个句子可以形成语感,但对照关系不清楚。它只是在说,有些东西不能用语言来表达,它们自己在语言中表达了出来。至于这两个"表达"之间的关系是什么,不清楚。

皮尔斯的英译文基本上都照顾到了以上要点,但第一段话仍然有瑕疵。这句话是:"Propositions cannot represent logical form: it is mirrored in them."在英语中可以用"represent"非常方便地表示二级表现关系,而用"mirror/reflect/display"表示一级表现关系。但后面那个从句因为译成了被动语态,仍然没有表现出原文提到的主体("sich")。

我的译文是这样的:

4.121　逻辑形式不能为句子所描述,它在句子中反映自己。

在语言中反映出来的东西,语言不能描述。

能够自己在语言中表达自己的东西,不能由我们用语言来表达。

句子显示实在的逻辑形式。

句子展示它。

这几段话对理解"显示"这个概念非常关键。4.121 第一句话就是在把逻辑形式归到句子的一级表现的东西中,而这属于显示。通过这几段话,什么是显示,实际上已经说清楚了。其中第三句话表明,那些东西之所以不能由我们用语言表达,是因为它是自己在语言中表达出来的。在陈启伟的翻译中缺失的正是这种先后关系。此外,这里突出表达主体上的区别,这对于理解"逻辑必须自己照顾自己"(5.473)这句话至关重要。逻辑形式是自己表达出来的,它是表达自己的主体,因此才有自己照顾自己之说。而"逻辑必须自己照顾自己"这句话,则是维特根斯坦前期整个逻辑哲学的核心要点。

要让读者达到这些理解,需要恰当地翻译来保证,需要译文对要点逐一进行表现。但是,要弄清要点在哪里,只有在译者自己理解以后才能办到。在理解不足的情况下,忠实只是一种奢望。

在本书的翻译过程中,李云飞与朱刚两位好友在一些语言和义理问题上给予了帮助,中山大学哲学系逻辑专业2019级本科生王威对译文的改进也做出了贡献,在此表示感谢。

[全书完]

逻辑哲学论

作者_[英]路德维希·约瑟夫·约翰·维特根斯坦　译者_黄敏

产品经理_扈梦秋　　装帧设计_张一一　　产品总监_曹曼　　技术编辑_丁占旭
责任印制_刘世乐　　出品人_于桐

果麦
www.guomai.cn

以微小的力量推动文明

图书在版编目（CIP）数据

逻辑哲学论／(英)路德维希·约瑟夫·约翰·维特根斯坦著；黄敏译. — 北京：中国华侨出版社，2021．6（2025．1重印）．

ISBN 978−7−5113−8409−6

Ⅰ.①逻⋯ Ⅱ.①路⋯ ②黄⋯ Ⅲ.①逻辑哲学 Ⅳ.①B81−05

中国版本图书馆CIP数据核字(2020)第226681号

逻辑哲学论

著　　者：〔英〕维特根斯坦
译　　者：黄　敏
责任编辑：姜薇薇　桑梦娟
经　　销：新华书店
开　　本：787mm×1092mm　1/32开　印张：5　字数：100千字
印　　刷：嘉业印刷（天津）有限公司
版　　次：2021年6月第1版
印　　次：2025年1月第12次印刷
印　　数：70,501—80,500
书　　号：ISBN 978-7-5113-8409-6
定　　价：45.00元

中国华侨出版社　北京市朝阳区西坝河东里77号楼底商5号 邮编：100028
发 行 部：021-64386496　　　传　真：021-64386491

如果发现印装质量问题，影响阅读，请与印刷厂联系调换